Die Evolution

Walter Kleesattel

DIE EVOLUTION

Theiss WissenKompakt

Theiss

Inhalt

Tatsache Evolution – das zentrale Thema der Biologie

Auf den Spuren der Stammesgeschichte – Belege für die Evolution

Ursprung und Entfaltung des Lebens – das Entstehen der biologischen Vielfalt

Der Evolutionsprozess – Mechanismen der Entfaltung

Wie die Galapagos-Riesenschildkröten als Landtiere auf die isolierte Inselgruppe gelangt sind, wo sie mehrere lokale Formen hervorgebracht haben, ist völlig unklar.

Oben: Innen wabenartig locker strukturiert, ist der Schnabel des Früchte fressenden Fischertukans sehr leicht gebaut.

Tatsache Evolution – das zentrale Thema der Biologie

Eines der auffälligsten Kennzeichen des Lebens ist die ungeheure Artenvielfalt, in der es sich im Laufe von Jahrmillionen auf der Erde verwirklicht hat. Beim Versuch, die Fülle der Arten zu katalogisieren, zu ordnen und gegeneinander abzugrenzen, ergab sich schließlich der entscheidende Ansatz, die Artenvielfalt durch Evolution zu erklären.

Biologische Vielfalt

Mannigfaltigkeit ist das Überlebensprinzip, mit dem die Natur mit veränderten Bedingungen fertig wird. Aus dem kreativen Potential der Vielfalt entsteht ständig Neues. Je mannigfaltiger die Arten und Lebensgemeinschaften sind, umso größer ist die Chance, dass genügend Lebewesen mit einer auch noch so dramatischen Umweltveränderung zurechtkommen.

Eine erste systematische Aufstellung der seinerzeit bekannten Lebewesen versuchte der schwedische Naturforscher Carl von Linné. In seinem 1758 herausgegeben Werk verzeichnete er etwa 9000 Tier- und Pflanzenarten. In den nächsten 250 Jahren dehnte sich die Zahl der wissenschaftlich beschriebenen Arten auf heute rund 1,8 Millionen aus. Anfangs fanden nur wenige Gruppen wie Säugetiere, Vögel und Insekten wissenschaftliche Beachtung. Von anderen Gruppen wie Fadenwürmern, Milben oder Einzellern weiß man eigentlich nur, dass die Zahl ihrer benannten Arten in keinem Verhältnis zu den wahrscheinlich existierenden, heute noch unbeschriebenen Arten steht. Hochrech-

Links: Artenvielfalt als ästhetische Pracht bei Insekten.

Die ungeheure Artenvielfalt steht auch für ökologische Vernetzung, und immer mehr wird deutlich, dass Biodiversität zugleich einen fundamentalen wirtschaftlichen Wert darstellt, den es zu erhalten gilt.

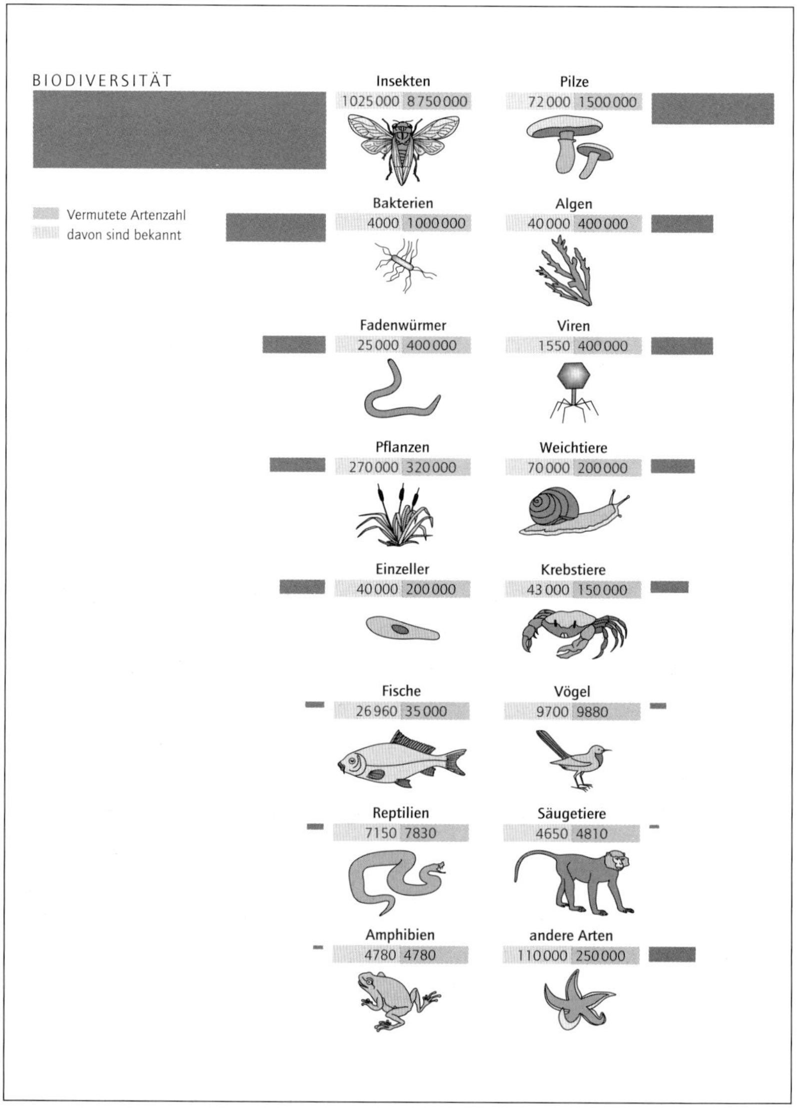

nungen, die berücksichtigen, dass die Lebensgemeinschaften des Kronendaches der tropischen Regenwälder und der tropischen Böden noch weitgehend ebenso unbekannt sind wie die der Korallenriffe und des Tiefseebodens, kommen auf über 30 Millionen auf der Erde lebende Organismenarten.

Organisationsstufen

Biologische Vielfalt findet sich auf verschiedenen hierarchischen Ebenen, auf der Ebene der Ökosysteme ebenso wie auf der Ebene der Lebensgemeinschaften, der Arten, der Populationen, der Individuen, der Zellen sowie der molekularen Ebene der Gene.

Lebewesen sind in unterschiedlichen Strukturebenen organisiert. Auf jeder höheren Ebene kommen neue Eigenschaften hinzu, die auf der darunter liegenden Ebene nicht vorhanden sind. So bildet beispielsweise erst das geregelte Zusammenwirken vieler Moleküle die Grundlage für Stoffwechsel, Reizbarkeit, Bewegung und andere Kennzeichen der lebenden Zelle.

Organismen sind die kompliziertesten Systeme, die wir kennen, sodass das Verhalten biologischer Systeme oft unmöglich vorausgesagt werden kann. Sie sind aus einer unvorstellbar großen Zahl von Bauelementen wie Molekülen, Zellorganellen und Zellen aufgebaut und miteinander durch vielfältige Wechselwirkungen verknüpft. Die in den Molekülen der DNA gespeicherte Erbinformation garantiert den Fluss des Lebens von Generation zu Generation. Sie ist darauf angelegt, sich selbst zu erhalten. Damit hat sie einen Zweck und erlaubt die Frage nach der Funktion eines Sachverhalts. Mit den Worten des Verhaltensforschers und Nobelpreisträgers Konrad Lorenz gesprochen, heißt dies beispielsweise: »Wozu aber hat das Vieh diesen Schnabel?« Jedes biologische Phänomen hat in seiner Ausstattung mit Genen, Enzymen, Zellen und Organsystemen begründete Ursachen. Hinter solchen proximaten Ursachen stecken mittelbare, durch entsprechende Evolution bedingte ultimate Ursachen. Diese wirken letztlich systemerhaltend und sind in diesem Sinne »zweckdienlich«.

Globale Biodiversität

Die Vielfalt der Arten, ihrer Lebensräume sowie die genetische Vielfalt innerhalb einer Art werden unter dem Begriff Biodiversität zusammengefasst. Diese Biodiversität ist aber nicht gleichmäßig über die Erde verteilt. Zwar sind von den polaren Eiskappen bis zur Wüste wie von der Tiefsee bis zu den Gipfeln der höchsten Berge alle Räume der Erde von Lebewesen besiedelt, deren Vielfalt ist aber abhängig von der Vielgestaltigkeit der jeweiligen Biotope. Vereinfacht lässt sich sagen, dass die Artenvielfalt an den Polen am geringsten ist und in Richtung der Tropen zunimmt. So bestehen beispielsweise die nördlichen Nadelwälder überwiegend aus Vertretern nur weniger Arten, im Gegensatz zu den immerfeuchten Tropenwäldern, wo mehrere tausend Baumarten pro 10 000 Quadratkilometer nachgewiesen sind. Ebenso nimmt mit zunehmender Höhe über dem Meeresspiegel die Diversität ab.

Hotspots der Artenvielfalt nennen die Biologen besonders artenreiche und damit schützenswerte Ökoregionen der Erde. 90 Prozent aller Arten leben in den Tropen.

Tropische Regenwälder beherbergen einen Reichtum an Pflanzen und Tieren, den es in den Wäldern des Nordens nicht gibt.

Biodiversität ist sehr ungleichmäßig über die Erde verteilt. Regenwald, Korallenriffe, subtropische Savannen und Wattenmeere sind sogenannte Hotspots der Artenvielfalt.

Liegt es an den immer wiederkehrenden Klimaschwankungen in den Außertropen, dass sich in den Steppen Asiens, den Hochgebirgen der Rocky Mountains oder in unseren Mittelgebirgen keine den Innertropen entsprechende Artenmenge entwickeln konnte? Oder ist der Überfluss der Arten aus dem Mangel geboren? Schließlich sind die tropischen Bö-

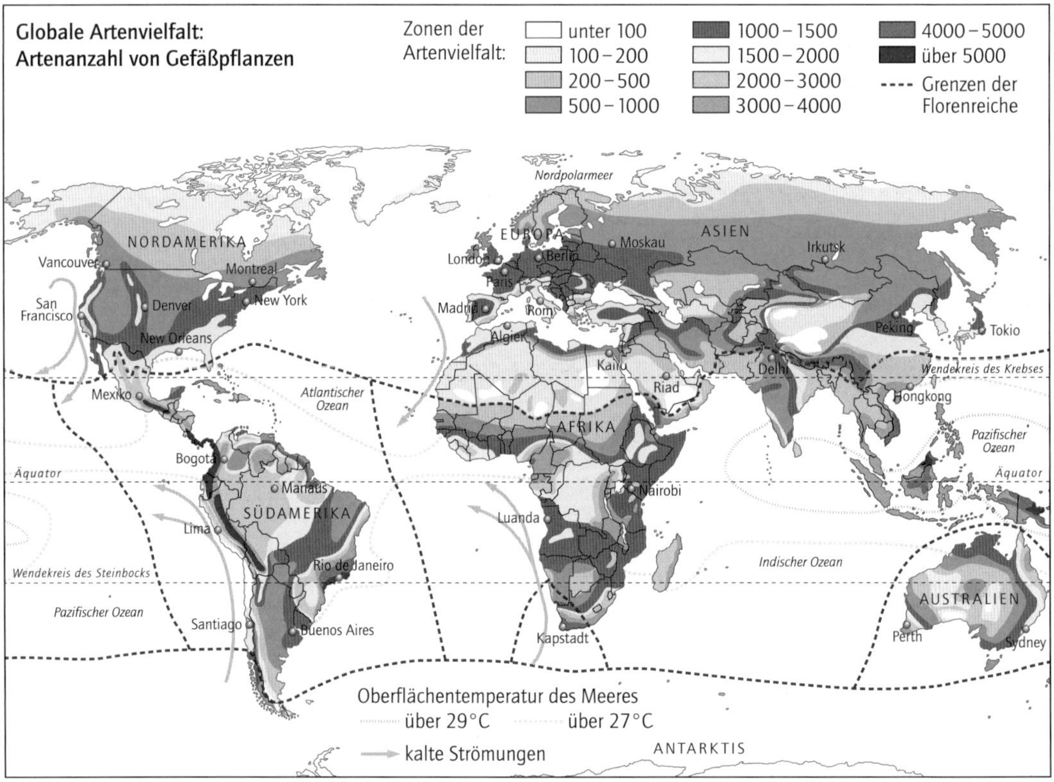

Globale Artenvielfalt: Artenanzahl von Gefäßpflanzen

Wo der ursprüngliche Waldbestand durch den Menschen vernichtet wurde, hat sich im Mittelmeerraum eine artenreiche Sekundärvegetation, die Macchie, angesiedelt.

den arm an Mineralsalzen, sodass nur Spezialisten überleben können. Die Tropenpflanzen haben zudem zahllose chemische Abwehrmechanismen entwickelt, die auch in der Tierwelt die Spezialisierung vorantrieben. Ebenso denkbar ist, dass über Äonen gleichbleibendes feuchtwarmes Klima eine Vielfalt verschlungener Abhängigkeiten durch Konkurrenz, Symbiosen oder Partnerschaften entstehen ließ und dadurch die Vielfalt steigerte.

Möglicherweise liegt die Antwort in der Kombination von Sonnenenergie und tropischer Feuchtigkeit? Schließlich entsteht mehr Biomasse, je wärmer und feuchter es ist. Und je mehr Biomasse am Anfang der Nahrungskette zur Verfügung steht, umso mehr kann zwischen den Konsumenten verteilt werden. Dass die Nahrung das ganze Jahr über gleichmäßig zur Verfügung steht, wäre nur ein weiterer Faktor. Auch bilden die hohen Tropenbäume gegenüber den weniger hohen Bäumen der Außertropen zusätzliche Etagen für Baumlebewesen. Kletterpflanzen und Epiphyten wie Orchideen und Bromelien wiederum lassen neue Kleinlebensräume entstehen.

Lebendige Vielfalt

Zwar ist der tropische Regenwald neben den Korallenriffen, den Wattgebieten und der subtropischen Savanne das wichtigste Reservoir für das Leben auf der Erde, doch auch eine blühende Sommerwiese in Europa ist eine wahre Schatzkammer der Natur. Hier findet man bis zu 2000 verschiedene Tierarten, die meisten davon Fliegen, Käfer und Hautflügler. Die unscheinbare Vielfalt im europäischen Untergrund belegen folgende Zahlen: Auf nur einem Quadratmeter Wiesenboden leben bis in 30 Zentimeter Tiefe rund 200 Asseln, 400 Ameisen, 700 Spinnen, 900 Käfer und ihre Larven, 2000 Regenwürmer, 40 000 Springschwänze, 120 000 Milben und neun Millionen Fadenwürmer.

Wer von Artenvielfalt spricht, wer an Artenschutz und Artensterben denkt, meint in der Regel höher entwickelte Pflanzen und Tiere. Dabei spielen die Kleinstlebewesen, die als Prokaryoten im Gegensatz zu den höheren Eukaryoten keinen Zellkern besitzen, eine bedeutende Rolle hinsichtlich der Vielfalt der Lebewesen. Die zellkernlosen Organismen dominieren sowohl bezüglich ihrer Zellenzahl als auch hinsichtlich der Biomasse allgemein. Ein gesunder Mensch beispielsweise ist mit zehnmal mehr Bakterienzellen besiedelt, als er selbst eigene Körperzellen besitzt.

Prokaryoten gibt es seit rund 3,5 Milliarden Jahren, wobei sie die längste Zeit der Erdgeschichte die einzigen Lebewesen waren. Ohne Mikroorganismen wäre kein vollständiger Abbau organischer Stoffe möglich. Viele weiter entwickelte Lebewesen könnten ohne symbiontische Mikroorganismen, beispielsweise im Verdauungstrakt, nicht existieren. Prokaryoten besiedeln auch die Grenzräume des Lebens auf der Erde. Die einen können in heißen Quellen bei Temperaturen bis 113 °C wachsen, andere leben unter einem vier Kilometer dicken Eispanzer in der Antarktis, wieder andere in Sedimentgesteinen tief in der Erde.

Wissenschaftliche Schätzungen

Obwohl die Erde heute scheinbar keine unbekannten Flecken mehr aufweist, ist die Mehrzahl ihrer Lebewesen noch unerforscht. Wirklich gut erkundet sind nur die höheren Pflanzen und die Wirbeltiere. Die Zahl der Insektenarten wird mit rund einer Million angegeben. Zwar ist sicher, dass die meisten von ihnen in den Tropen leben, um aber irgendwelche fundierten Zahlen nennen zu können, ist die Untersuchung der Regenwaldgebiete noch nicht weit genug fortgeschritten. Insbesondere im Bereich der Baumkronen gibt es wahrscheinlich mehr Arten als bis vor kurzen noch vorstellbar. Stichproben ergaben, dass in einer Baumkrone bis zu 100 verschiedene Käferarten leben und in der Baumkrone

Viele Arten wie dieser Baumsteigerfrosch verlassen ihren Lebensraum im Kronendach des tropischen Waldes zeitlebens so gut wie nie.

gleich nebenan 100 andere. Jede mit Wasser gefüllte Bromelienblüte kann Lebensraum für unzählige Kleinstlebewesen ebenso wie für bisher unbekannte Frösche bieten. Damit wird verständlich, dass alle Schätzungen und Angaben über die Zahl der Pflanzen- und Tierarten immer noch sehr spekulativ sind. Täglich werden Hunderte neue Arten bekannt, einen Gesamtüberblick aber hat niemand. Eine mögliche Gesamtzahl wird von Experten auf bis zu 14 Millionen Arten geschätzt, wobei die »unsichtbare« Biodiversität der Kleinlebewesen den größten Teil ausmacht. Die große Spannweite der Schätzungen zeigt aber auch, wie wenig wir über das Leben auf der Erde noch wissen.

Da es bis jetzt noch nicht einmal ein weltweit zentrales Arten-Archiv gibt, liegen auch nur Schätzungen über die Anzahl der benannten Organismenarten vor. Das World Conservation Monitor Centre (WCMC) geht heute von anderthalb bis zwei Millionen verschiedenen wissenschaftlich beschriebenen Arten aus. Mit Sicherheit sind bei den Tieren die Gliederfüßer, zu denen Insekten, Spinnen, Krebse, Hundertfüßer und Tausendfüßer zählen, die umfangreichste Gruppe. Bei den Pflanzen sind die Blütenpflanzen mit über 250 000 Arten die vielfältigste Gruppe. Am Rande sei bemerkt, dass die allermeisten Menschen weniger als 0,01 Prozent aller Arten kennen.

Vielfalt und System

Das Teilgebiet der Biologie, das sich mit dem Beschreiben, Benennen und Ordnen der Lebewesen beschäftigt, ist die Systematik. Biodiversität kann man verschieden wahrnehmen. Stehen die natürlichen Lebensräume im Zentrum der Betrachtung, wird man Lebewesen entsprechend ihre Rolle als Besiedler des Lebensraumes, nach ihrer Stelle in der Nahrungskette oder aber nach ihrer Reproduktionsstrategie klassifizieren. So umfasst beispielsweise der Begriff »Wühler« Arten, die durch ähnliche Anpassungen ähnliche Funktionen gemeinsam haben. Sowohl Maulwürfe als auch Maulwurfsgrillen sind durch kurze, abgeplattete Vordergliedmaßen charakterisiert. Danach aufgelistete Arten und deren Verbreitung sind eine Voraussetzung, Lebensraumzerstörungen zu beschreiben. Meeresringelwürmer sind Anzeigerorganismen für den Verschmutzungsgrad der Ozeane, im Süßwasser sind dies bestimmte Fischarten. Die fundierte Kenntnis der Biodiversität ist eine wichtige Voraussetzug jedweder Umweltschutzmaßnahme. In der Medizin wird beispielsweise der Kampf gegen die großen durch Parasiten ausgelösten Epidemien ohne genaue Kenntnis der Parasiten- und Überträgersystematik kaum erfolgreich sein.

Eine ganz andere Betrachtungsweise geht davon aus, dass alle Lebewesen sich im Verlauf ihrer Stammesgeschichte verändern und diese neu erworbenen Merkmale an ihre Nachkommen weitergeben. Die Biodiversität erklärt sich demnach aus der evolutiven Geschichte der Arten.

Seit Aristoteles (384–322 v. u. Z) gab es zahlreiche Versuche, die große Zahl der Lebewesen übersichtlich und logisch zu ordnen. Aristoteles schlug das Prinzip einer linearen Abstufung entsprechend dem Perfektionsgrad der Lebewesen vor. Sein Nachfolger Theophrast (372–287 v. u. Z.) verfasste eine Geschichte der Pflanzen und ist gewissermaßen der Begründer der Botanik.

Carl von Linné (1707–1778) führte das Prinzip der Doppelbenennung, binäre Nomenklatur genannt, ein, um eine Art zu bezeichnen. Jede Art trägt seither zwei latinisierte Namen, wobei der erste Name die Gattung bezeichnet, der zweite die Art. So heißt beispielsweise der Zitronenfalter Gonepteryx rhamni, das Gänseblümchen Bellis perennis. Sein Ordnungssystem zur Gruppierung von Arten nach Ähnlichkeit wird später ein zentraler Punkt bei der Argumentation für eine Evolution.

Eine zufriedenstellende Ordnung der Lebewesen gelang allerdings erst, als man die abgestufte Ähnlichkeit zwischen den Arten als Folge abgestufter Verwandtschaft interpretierte. Ein solches System, das heute in der Biologie allgemein verwendet wird, bezeichnet man als natürliches System. Es geht von der Überlegung aus, dass ein gemeinsamer Ursprung der Arten ja auch bedeutet, dass alle Lebewesen miteinander verwandt sind, also gemeinsame Vorfahren haben. Je weiter zurück im Verlauf der Erdgeschichte gemeinsame Vorfahren zu finden sind, desto größer sind in der Regel die inzwischen eingetretenen Veränderungen und umso weniger eng die verwandtschaftlichen Beziehungen der heute existierenden Arten und Gruppen.

Die Veränderlichkeit der Arten

Alle Veränderungen, durch die das Leben auf der Erde zu seiner heutigen Form und Vielfalt gelangt ist, nennt man Evolution. Dazu gehören die Entstehung des Lebens wie die Bildung, Umwandlung und Weiterentwicklung von Arten. Sie alle beruhen auf dem Vorhandensein biologischer Information und ihrer Weitergabe. Dabei können Varietäten entstehen, die sich in der Umwelt mit unterschiedlichem Erfolg durchsetzen und sich schließlich auch zu neuen Arten entwickeln. Ergebnis dieser stammesgeschichtlichen Entwicklung ist einerseits die Formenvielfalt der Lebewesen, zum anderen ihre Einheitlichkeit, beispielsweise im Bau der Zellen, im Ablauf vieler Stoffwechselprozesse oder in der Codierung und Realisierung der Erbinformation.

Wie groß die Anzahl der heute lebenden Arten auch sein mag, sie umfasst mit Sicherheit weniger als ein Prozent aller Arten, die jemals auf der Erde gelebt haben. Alle sind aus einer einzigen Wurzel in einem mehr als 3,5 Milliarden Jahre andauernden Evolutionsprozess entstanden. Zu seinen treibenden Kräften, die zu der Artenvielfalt geführt haben, zählen einerseits zufällige Prozesse wie Mutation und Rekombination von Genen, andererseits die richtende Selektion durch die Umwelt.

Im Laufe der Erdgeschichte sind zahllose Arten ausgestorben. Langfristig gleichbleibende Umweltbedingungen stellten eher die Ausnahme dar. Weltweite Klima- und damit verbundene Meeresspiegelschwankungen, große Vulkanausbrüche oder Einschläge riesiger Meteoriten sind Gründe dafür, dass sich das Leben auf der Erde nicht kontinuierlich entwickelte. Die Paläontologie, das Teilgebiet der Biologie, das Lebewesen vergangener Zeiten erforscht, belegt anhand fossil überlieferter Reste

Lebewesen, die wie der Urzeitkrebs Triops zumindest in ihrem äußeren Erscheinungsbild gleich geblieben sind, bezeichnet man als lebende Fossilien.

das zeitliche Nebeneinander von ursprünglichen, einfacheren und abgeleiteten, hoch spezialisierten Organisationsformen. Es zeigt sich, dass sich die verschiedenen Gruppen mit recht unterschiedlichen Geschwindigkeiten entwickelt haben. So blieben beispielsweise die Springschwänze, ursprüngliche, unbeflügelte Insekten, über viele Jahrmillionen nahezu stabil und haben nur relativ wenige neue Arten hervorgebracht.

In der Insektenordnung der Käfer dagegen ist in einem verhältnismäßig viel kürzeren Zeitraum mehr als eine halbe Million verschiedene Arten geradezu explosionsartig neu entstanden. Sowohl die Lebensdauer der einzelnen Kategorien wie deren Weiterentwicklung und das Hervorbringen neuer Arten durch Artaufspaltung sind von Gruppe zu Gruppe verschieden.

Artentstehung und Artensterben

Um aber erklären zu können, warum es im Verlauf der Stammesgeschichte der Lebewesen Zeiten der Artenentfaltung und Zeiten des Artensterbens gab, müsste erst die Frage beantwortet werden, warum es überhaupt so viele Arten gibt. Die Mechanismen der Evolution und der Artentstehung sind heute weitgehend bekannt, und ganz sicher spielen die jeweiligen Umweltbedingungen dabei eine bedeutende Rolle, warum aber manche Ökosysteme wie beispielsweise die borealen nördlichen Nadelwälder mit relativ wenig Arten zurechtkommen, während die besonders störanfälligen tropischen Regenwälder nur durch ein Vielfaches an Arten funktionieren, ist noch eines der großen Rätsel der Biologie.

Was unter dem evolutionsbiologischen Erfolg einer Art zu verstehen ist, ist eine weitere offene Frage. Die Antwort hängt nicht zuletzt auch davon ab, wie Erfolg definiert wird. Nimmt man das Kriterium der Individuenzahl, sind viele Insektenarten mit Billionen von Einzellebewesen sehr erfolgreich. Beim Kriterium der Konstanz der Art scheinen Dauerformen, die wie der Pfeilschwanzkrebs Limulus oder der Palmfarn Cycas bereits seit 100 und mehr Millionen Jahren nahezu unverändert geblieben sind, vorne zu liegen.

In ihrer Gesamtheit als Klasse betrachtet, zählen die Insekten mit zu den Siegern im Evolutionsgeschehen: Sie existieren mit unzähligen Arten seit über 300 Millionen Jahren auf der Erde und haben sämtliche Umweltänderungen in dieser Zeit bewältigt.

Waren es in der Vergangenheit natürliche Ursachen, hat heute die Menschheit einen großen Anteil an der Ausrottung von Arten durch die Zerstörung von Lebensräumen. Die Bedrohung ist überdeutlich: 20 Prozent aller Säugetierarten und zehn Prozent der Blütenpflanzen sind bereits gefährdet. Erste Primaten sind bereits ausgestorben. Dabei sind Säugetiere mit weniger als 5000 Arten eine überschaubare Randgruppe. Doch zwischen den Aberhunderten von Arten, die das Funktionieren eines Ökosystems ermöglichen, bestehen komplexe Wechselwirkungen. Sie folgen Mustern, die für uns vielfach nicht durchschaubar sind und lassen sich auch nicht ohne Weiteres durch einfache Mathematik beschreiben. Noch ist die Frage offen, wie wir mit dem gemeinsamen Erbe der Lebensvielfalt umgehen.

Alle Lebewesen, die sich potentiell untereinander kreuzen können und fruchtbare Nachkommen haben und von anderen fortpflanzungsbiologisch getrennt sind, bilden eine biologische Art oder Bio-Spezies.
In der Forschung lässt sich dieser biologische **Artbegriff** oft nicht anwenden, weil die fruchtbare Kreuzung in der Natur nicht immer beobachtet werden kann. Für fossile Arten hat er ohnehin keine Gültigkeit.
Da aber Individuen, die einer Art angehören, in allen wichtigen Körpermerkmalen übereinstimmen, wird vielfach auch ein morphologischer Artbegriff angewandt. Danach bilden Lebewesen, die in allen wesentlichen Merkmalen untereinander und mit ihren Nachkommen übereinstimmen, eine morphologische Art oder Morpho-Spezies.

EVOLUTION LIFE – ANPASSUNG DURCH SELEKTION

Evolution ist nicht ausschließlich ein historischer Prozess, vielmehr können auch heute noch kurzfristige Umweltveränderungen innerhalb weniger Jahrzehnte Populationen in ihrer Gestalt und ihrem Verhalten nachdrücklich verändern.

20 Jahre lang haben die amerikanischen Ornithologen Rosemary und Peter Grant auf den Galapagosinseln das Leben der Darwinfinken intensiv studiert. Auf den insgesamt 30 Inseln des Archipels leben gegenwärtig 13 verschiedene Finkenarten. Die im Gefieder recht ähnlich aussehenden Spezies unterscheiden sich am deutlichsten in der Form des Schnabels, der von der Größe eines Kernbeißerschnabels bis zu der eines Laubsängers abgestuft ist.

Untersuchungen an Mittleren Grundfinken ergaben, dass bei dieser Art in der Gegenwart evolutionäre Veränderungen stattgefunden haben. Diese Darwinfinken knacken Pflanzensamen mit Hilfe ihres kräftigen Schnabels, wobei sie kleinere Samen bevorzugt auswählen. In feuchten Jahren gibt es auf den Inseln ausreichend kleine Samen, in trockenen Jahren dagegen sind Samen so rar, dass die Vögel auch große Samen mit härterer Schale verzehren.

Variation der Schnabelhöhe beim Mittleren Grundfink.

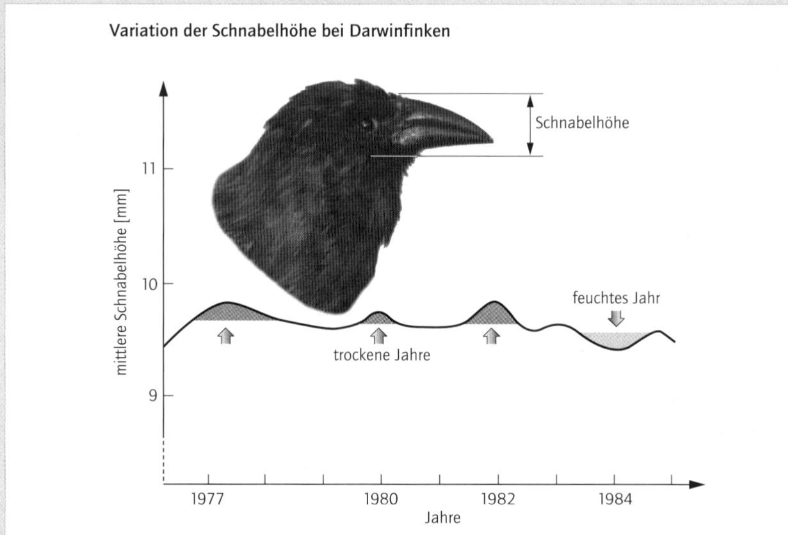

Für die Feuchtigkeitsschwankungen auf den Inseln mitten im Pazifik ist das Klimaphänomen El Niño verantwortlich. El Niños entstehen in unregelmäßigen Abständen von drei bis sechs Jahren, wenn warmes Oberflächenwasser des Pazifiks in Richtung südamerikanischer Westküste fließt. Die Folgen des El Niños zeigen sich weltweit, auf den Galapagosinseln führen sie zu vermehrten, teilweise starken Niederschlägen. Trockene Inseln beginnen zu blühen, Kräuter und Büsche bringen nun im Vergleich zu normalen Jahren ein Vielfaches an Samen hervor.
Auf der Vulkaninsel Daphne Major, nördlich der bewohnten Insel Santa Cruz gelegen, zählten die Forscher im Jahr 1976 eine Population von 700 Mittleren Grundfinken. Im Jahr darauf fiel die Regenzeit aus, die Dürre führte dazu, dass die Pflanzen weniger Samen produzierten. Vor allem die kleineren, weicheren Samen, die die körnerfressenden Vögel zur Aufzucht ihrer Jungen benötigen, gab es kaum noch. Ein Jahr später hatte sich die Population der Finken auf 90 reduziert.
Eine zusammenbrechende Population bildet einen sogenannten »genetischen Flaschenhals«, in dessen Folge sich die genetische Zusammensetzung der Population gegenüber der Ursprungsart verändern kann.
Die Grants stellten fest, dass sich infolge der Trockenjahre der Phänotyp der Grundfinken verändert hat. Die überlebenden Vögel hatten im Mittel dickere Schnäbel, mit denen sie auch härtere Samen knacken konnten.
Ausgiebige Feldstudien zeigten, dass der Wandel der Ernährung mit einer Änderung der Schnabelhöhe in der Population einhergeht. Diejenigen Jungvögel, die ererbtermaßen einen etwas kräftigeren Schnabel besitzen, haben nun einen Überlebensvorteil. Es ließ sich nachweisen, dass ein Mittlerer Grundfink mit einem elf Millimeter hohen Schnabel noch Samen knacken konnte, an denen seine Artgenossen mit einem 10,5 Millimeter hohen Schnabel scheiterten. Vögel mit kräftigerem Schnabel sind also in trockenen Jahren gegenüber ihren Artgenossen im Vorteil.
Die Forschungen der Grants untermauerten nicht nur Darwins theoretische Überlegungen in der Praxis, sondern wiesen auch nach, dass sich zumindest bei den Grundfinken die Evolution nicht sprunghaft in großen Zeiträumen vollzieht, sondern unaufhörlich in kurzen Zeiträumen. ■

Die evolutionäre Sicht des Lebens

Konstanz oder Wandel der Arten?

Bis zum Ende des 18. Jahrhunderts sah man keinen Grund, an der Unveränderlichkeit der Arten zu zweifeln. Dies ist verständlich, wenn man sich klar macht, dass ein Mensch im Zeitrahmen seines Lebens keinen Wandel der Arten feststellt.

Grundlage dieser Überzeugung war der biblische Schöpfungsbericht. Die großen monotheistischen Religionen Judentum, Christentum und Islam gehen von einer Unveränderlichkeit der Arten aus, nachdem ein Schöpfergott sie geschaffen hat. Daraus ergibt sich die Lehre von der Konstanz der Arten, wonach sich seit dem Schöpfungsakt weder Aussehen noch Zahl der Arten verändert hat. Dies wird mit der Unfehlbarkeit des Schöpfers erklärt.

Allerdings nahmen schon der griechische Naturphilosoph Thales von Milet (625–547 v. u. Z.) und seine Nachfolger an, dass Lebewesen bei Wärme aus Schlamm entstehen und sich aus fischähnlichen Lebewesen zu höheren Organismen entwickelten. Auch die ersten Menschen sind demnach in fischähnlichen Lebewesen herangewachsen und dann aus diesen geschlüpft.

Aristoteles (384–322 v. u. Z) lehrte die Idee der gestuften Abfolge von niederen zu höher entwickelten Lebewesen. Die treibende Kraft zur höheren Entwicklung nannte er Entelechie. Diese Stufenleiter der Natur, die Scala Naturae, entwickelte Gottfried Wilhelm Leibniz (1646–1716) als das Konzept der Großen Seinskette weiter. In die als geradlinige Stufenleiter verstandene Seinskette wurden schließlich alle lebenden und toten Dinge in einer lückenlosen Reihe eingeordnet, niemals aber als evolutive Abfolge der Organismen verstanden. Im 18. Jahrhundert waren die Ideen des Fortschritts und der Stufenleiter als alle Lebewesen verbindende Prinzipien weit verbreitet. Einerseits bereitete der Fortschrittsgedanke indirekt durch die in ihm liegende Dynamik den Weg zu einer echten Evolutionstheorie, wie sie dann Lamarck als erster formulierte, andererseits ist die Idee, die in unserer Kultur in vielen Köpfen immer noch fest verankert ist, Gegenstand zahlreicher Irrtümer: Der Anthropozentrismus beispielsweise betrachtet den Menschen als am weitesten entwickeltes Wesen und an der höchsten Stelle der Seinsleiter stehend. Für viele ist es schwer verständlich, dass alle heute lebenden Organismen dieselbe evolutive Zeit durchlebt haben. Im Finalismus scheint das Auftauchen des

Menschen das Ziel zu sein. Die Annahme aber, dass die Evolution ein Ziel hat, hat im Essenzialismus die weitere Annahme zur Folge, dass die innerste Wesenform der Lebewesen, die Essenz, der wirklichen Existenz vorausgeht.

Der Essenzialismus hat auch Carl von Linné, den Begründer der Systematik, wie die meisten seiner Zeitgenossen dazu bewogen, Veränderungen innerhalb einer Art zu leugnen und die Lehre der Artkonstanz zu vertreten.

Die gegeneinander geneigten Sedimentschichten aus feinen Sandkörnern zeigen, dass diese aus wechselnden Richtungen herangeweht wurden. Die fossilen Dünenablagerungen geben somit Auskunft über das zur Jurazeit hier im Zion-Nationalpark in Nordamerikas herrschende trockene Klima.

Katastrophentheorie und Aktualitätsprinzip

Nicolaus Steno (1638–1686) entwickelte wohl als Erster eine wissenschaftliche Theorie zur Entstehung von Sedimentgesteinen. Er erkannte, dass das Alter einer Sedimentschicht nach oben abnimmt, jüngere Schichten sich also auf älteren ablagerten. Die in den Schichten eingelagerten Fossilien beschrieb er als Lebewesen aus früherer Zeit. Mit Recht kann man Steno als Begründer der Geologie bezeichnen.

Die Entdeckung, dass fossilienhaltige Gesteine stets in einer bestimmten Schichtenfolge auftreten und sich das Artenspektrum in den verschiedenen geologischen Schichten unterscheidet, legten einen erdgeschichtlichen Zeitablauf und damit eine allmähliche Entwicklung des Lebens nahe.

Georges de Cuvier (1767–1832) entdeckte bei Untersuchungen des Pariser Beckens, dass die Erdoberfläche wiederholt von Wassermassen bedeckt war. Daraus entwickelte er seine Katastrophentheorie, in der er aber die geologischen Erkenntnisse mit der Konstanz der Arten in Einklang bringt. Nach seiner Auffassung vernichteten Naturkatastrophen das Leben in größeren Zeitabständen. Anschließend wurden die betroffenen Regionen durch Neuschöpfung und Zuwanderung wieder besiedelt.

Charles Lyell (1797–1875) widersprach in seinem Werk »Principles of Geology« der Vorstellung, dass die Erdoberfläche durch kurze, heftige Erdkatastrophen gestaltet würde. Vielmehr vertritt er in seinem Prinzip des Aktualismus die These, dass in der Vergangenheit dieselben Kräfte gewirkt haben, wie sie in der Gegenwart nachweisbar sind, beispielsweise das Wirken der Wasser- und Winderosion. Die dadurch verursachten kleineren Veränderungen summieren sich im Lauf der Zeit zu großen Umgestaltungen der Erdoberfläche. Lyell errechnete so für die Erde ein Alter von mehreren Millionen Jahren, was in krassem Widerspruch zur Ansicht des anglikanischen Bischofs Ussher stand, der 1650 die Erschaffung der Erde durch Gott auf das Jahr 4004 vor Christus datiert hatte.

Lamarcks Theorie

Immer mehr Berichte über die Vielfalt der Flora und Fauna, besonders in Übersee, ließen gegen Ende des 18. Jahrhunderts erkennen, dass unter den Lebewesen eine abgestufte Ähnlichkeit und Verwandtschaft besteht. So setzte sich schließlich die Auffassung durch, dass Arten veränderlich sind.

Jean Baptiste de Lamarck (1744–1829) veröffentlichte 1809, im Geburtsjahr von Darwin, in seinem Werk »Philosophie zoologique« die Evolutionstheorie von einem kontinuierlichen Artenwandel. Als Ursache des Wandels sah er durch Umweltveränderungen hervorgerufene veränderte innere Bedürfnisse und Gewohnheiten. Durch einen den Lebewesen innewohnenden Trieb zur Vervollkommnung käme es zur allmählichen Umwandlung von Organen und Körperteilen.

Die Entstehung spezieller Anpassungen wird durch zwei Mechanismen erklärt:

Viele Forscher waren an der **Entwicklung des Evolutionsgedankens** beteiligt und könnten somit als Darwins Ideengeber angesehen werden: So auch Cuvier und Lamarck – beide angesehene Wissenschaftler ihrer Zeit. Sie haben bedeutende Leistungen erbracht, die zum Verständnis der Geschichte des Lebens geführt haben. Doch ihr Lebenswerk wird nicht wirklich gewürdigt. Lamarck schuf erstmals eine echte Evolutionstheorie im Sinne einer allmählichen und unbegrenzten Artumwandlung. Der Mechanismus der Transformation der Arten wurde erst im 20. Jahrhundert endgültig widerlegt; Lamarckismus trägt heute ein negatives Image. Gleiches gilt für Cuviers Katastrophentheorie. Als hervorragender Anatom gilt Cuvier als Begründer der vergleichenden Anatomie und der Paläontologie. In Erinnerung geblieben ist von ihm vielfach nur, dass er Lamarcks Auffassungen heftig und teilweise auch auf unfaire Weise widersprach.

Giraffen leben in den Savannen Ostafrikas. Mit ihrem langen Hals können sie auch in der Trockenzeit noch an frisches Laub hoher Bäume gelangen (o.). Das kurzhalsige Okapi (u.) lebt im Regenwald. Okapis und Giraffen haben gemeinsame Vorfahren. Während Lamarck für die Entstehung des langen Giraffenhalses ein inneres Bedürfnis der Tiere als Ursache ansah, geht Darwin von der Variabilität der Einzelindividuen sowie der Überproduktion von Nachkommen aus. Im natürlichen Wettbewerb um Nahrung, Lebensraum und Geschlechtspartner überleben nur die am besten an die bestehenden Umweltbedingungen Angepassten. Die natürliche Auslese oder Selektion führt so über viele Generationen hinweg zu einer Veränderung der Art.

1. Gebrauch und Nichtgebrauch: Körperteile, die intensiv benützt werden, entwickeln sich größer und stärker, nicht benutzte verkümmern.

2. Vererbung erworbener Eigenschaften: Die im individuellen Leben erworbenen Eigenschaften werden auf die Nachkommen vererbt.

Kein Naturforscher vor Lamarck hatte die Bedeutung der Anpassung so klar hervorgehoben. Doch lassen sich für die Vererbung erworbener

Eigenschaften bis heute keine Belege finden, sodass der lamarckistische Ansatz, die Mechanismen des Artwandels zu erklären, damit ausscheidet. Für die weitere Entwicklung der Evolutionstheorie aber ist Lamarck bedeutsam, denn er stellte als erster Forscher eine umfassende Theorie zur Entstehung der Artenvielfalt und der Angepasstheit der Lebewesen an ihre Umwelt vor.

Darwin – ein Weltbild ändert sich

Mit seinem 1859 erschienenen Buch »On the origin of species by means of natural selection or the preservation of favoured races in the struggle for life« leitete Charles Darwin (1809–1882) eine kulturgeschichtliche Revolution ein. In diesem Werk über die Entstehung der Arten stellt er die Abstammung der heutigen Lebewesen von früheren einfachen Formen dar. In seiner Deszendenztheorie begründet er die Vielfalt der Arten aus einem gemeinsamen Ursprung, in der Selektionstheorie erklärt er die Ursachen der Evolution durch natürliche Auslese oder Selektion.

Darwins Formulierung »survival of the fittest« hat viele Missverständnisse hervorgerufen. Die wörtliche Übersetzung »Überleben des Angepasstesten« drückt aus, was gemeint war. In der Evolution überleben nur diejenigen und haben Nachkommen, die an die Umwelt am besten angepasst sind. Der **Sozialdarwinismus** im 19. und 20. Jahrhundert machte daraus aber einen »Kampf jeder gegen jeden«, bei dem nur »der Stärkste überlebt«. Der englische Philosoph Herbert Spencer (1820–1903) übertrug evolutionäre Vorstellungen auf die Gesellschaft und lehnte daraus abgeleitet die Fürsorge für Schwächere ab. Ein solcher »Sozialdarwinismus« betrachtet den Kampf ums Dasein und die natürliche Auslese als entscheidende gesellschaftliche Kräfte und führt zur Rechtfertigung von Kriegen und rassistischen Ideologien.

Darwins Selektionstheorie liegen folgende Beobachtungen zugrunde: Alle Lebewesen erzeugen mehr Nachkommen, als zur Erhaltung der Art nötig wären. Trotzdem bleiben die Populationen, abgesehen von saisonalen Schwankungen, in ihrer Größe stabil. Der jeweilige Lebensraum der Arten weist beschränkte Ressourcen auf. Die Individuen einer Art gleichen einander nicht vollkommen, sondern zeigen eine bestimmte Variationsbreite. Jedes Individuum ist eine einzigartige Variante. Aus diesen Beobachtungen zog Darwin folgende Schlussfolgerungen: Die Überproduktion von Nachkommen führt unter den Individuen der Population zu einem »Kampf ums Dasein« (struggle for life). Im natürlichen Wettbewerb um Nahrung, Lebensraum und Geschlechtspartner überleben nur diejenigen, die am besten an die bestehenden Umweltbedingungen angepasst sind (survival of the fittest).

Die natürliche Auslese (natural selection) oder Selektion führt über viele Generationen zur Veränderung der Arten. Die treibenden Kräfte für die Evolution sind die ungerichteten erblichen Variationen der Individuen und die natürliche Selektion, die unter den vielen Varianten bevorzugt jene ausliest, die die größere Eignung aufweisen, also die bessere Anpassung zeigen.

Der englische Naturforscher Alfred Wallace (1823–1913) erforschte von 1848 bis 1852 das Amazonasgebiet, von 1854 an unternahm er ausgedehnte Sammlungsreisen im Malaiischen Archipel. Von Ternate auf den Molukken schickt Wallace die Schrift »On the Tendency of Varieties to depart indefinitely from the Original Type« (Über das Bestreben von Arten, sich unbegrenzt vom Ursprungstyp zu entfernen) nach England. Im Ternate-Manuskript stellte Wallace unabhängig von Darwin eine Theorie zur Veränderlichkeit und Neuentstehung von Arten vor. Das Manuskript wird 1858 zusammen mit einer ersten Zusammenfassung der Überlegungen Darwins veröffentlicht. Erst ein Jahr später erscheint Darwins Buch. Wem gebührt nun die **Priorität der Evolutionstheorie**? Wallace hat zeitlebens die Priorität von Darwins Theorie anerkannt.

Darwins Idee einer gemeinsamen Abstammung überzeugte, weil sie eine Erklärung dafür bot, dass Organismen wohl definierte Gruppen bildeten, die nach Cuvier einen gemeinsamen Bauplan aufwiesen. Sie lieferte auch die Erklärung für den Ursprung des Linnéschen Systems und die Verbreitung der Lebewesen auf allen Kontinenten sowie für deren adaptive Anpassung in neu besiedelten Gebieten. Die Grundzüge von Darwins Selektionstheorie wurden seither durch eine Fülle von Fakten bestätigt und durch neue Erkenntnisse insbesondere der Genetik und Populationsbiologie zur synthetischen Theorie der Evolution erweitert. Dabei wusste Darwin nicht, wie Variationen entstehen und wie sie vererbt werden. Erst die Genetik erklärte mit Mutation und Rekombination deren Ursachen. Zwar wurden weitere Faktoren der Evolution entdeckt, nach wie vor aber stehen die Überproduktion von Nachkommen, erbliche Variationen und die Selektion im Zentrum der Evolutionstheorie.

Auf das Wirken der verschiedenen Evolutionsfaktoren wird in Kapitel 4 des Buches noch ausführlicher eingegangen, während im anschließenden Kapitel 2 verschiedene Belege für die Tatsache der Evolution vorgestellt werden.

DIE REISE MIT DER BEAGLE

»Die Reise mit der Beagle ist das bei weitem bedeutendste Ereignis in meinem Leben gewesen«, schreibt Charles Darwin, der Pionier der Evolutionsforschung, in seiner Autobiografie. Als Sohn eines begüterten Landarztes wuchs Darwin in Shrewsbury auf. Trotz mittelmäßiger Schulleistungen begann er ein Medizinstudium in Edinburgh, das er nach zwei Jahren abbrach, um Theologie zu studieren, ohne jemals als Seelsorger tätig zu sein. Gerade einmal 22 Jahre alt, verlässt er am 27. Dezember 1831 England an Bord des Forschungsschiffes Beagle unter Kapitän Robert Fitzroy. Als führende See- und Handelsmacht führte die britische Marine zahlreiche mehrjährige Expeditionen durch, um Küstenlinien zu vermessen und Handelsstützpunkte einzurichten. Solche Forschungsreisen wurden regelmäßig von Wissenschaftlern begleitet. Als Kind seiner Zeit war Darwin zu Beginn der Reise noch der Ansicht, dass die Welt als Ganzes und die Lebewesen in einem göttlichen Schöpfungsakt entstanden seien.

Als Naturforscher mit breitem Wissen und scharfer Beobachtungsgabe, gepaart mit großer Sammlerleidenschaft, notierte Darwin auf der fünfjährigen Weltumsegelung so ziemlich alles, was es zu registrieren gab, gleichgültig, ob es sich um Menschen und Kulturen handelte, um Tiere, Pflanzen und ihr Zusammenleben, um geologische Formationen oder um das Wetter. Als er schließlich nach fünf Jahren zurückkehrt, beginnt er mit der Sichtung, Beschreibung und Auswertung des umfangreichen gesammelten Materials. Die Funde sowie Gespräche und die Korrespondenz mit Kollegen helfen ihm, seine Gedanken zur Evolution der Organismen zu entwickeln und zu formen. Darwins evolutionäre Überzeugung entwickelte sich erst allmählich. Während der Reise fiel ihm immer wieder auf, dass viele seiner Fossilfunde Ähnlichkeiten mit rezenten, also heute noch lebenden Organismen aufwiesen. Am Ende der Reise hatte Darwin seine Evolutionstheorie sicherlich noch nicht fertig entwickelt, aber die Summe der Beobachtungen ließ ihn immer mehr an einem Schöpfungsvorgang zweifeln. Immer neue Fragen tauchten auf, so beispielsweise die, wie Landschildkröten und flugunfähige Vögel auf Inseln kommen konnten? Zurück in England brachte ihn vor allem die eingehende systematische Klassifizierung der Tierwelt der Galapagosinseln zu der Überzeugung, dass sich eine schrittweise Umwandlung der Lebewesen abgespielt haben musste, dass neue Arten also aus schon bestehenden hervorgingen.

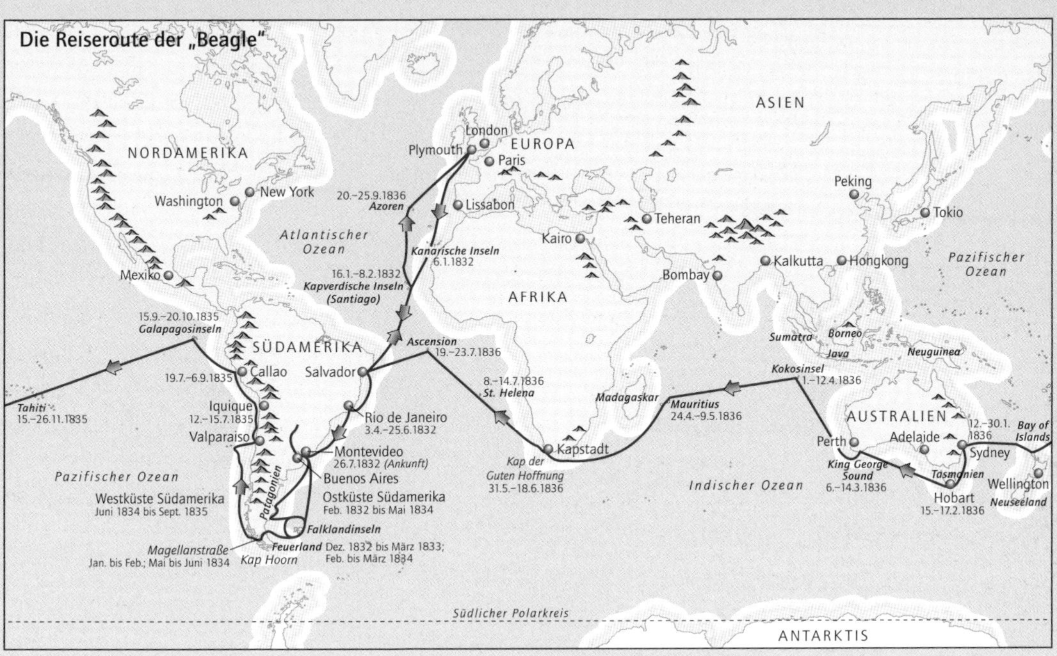

23 Jahre dauerte es, bis Darwin schließlich seine Theorie von der natürlichen Selektion veröffentlichte. Wie sich ein Evolutionsverständnis erst allmählich einstellte, wird auch deutlich, wenn man die Veränderungen in den aufeinander folgenden Auflagen seiner Schriften verfolgt. Auf Galapagos beispielsweise erwähnte der dortige Vizegouverneur, dass die Schildkröten, spanisch galápagos, der verschiedenen Inseln unterschiedlich aussehen, und er behauptete sogar, dass er mit Sicherheit sagen könne, von welcher Insel welche Schildkröte stamme. Darwin maß den Aussagen über die Beziehung von Schildkrötenhabitus und Herkunftsinsel zunächst keine Bedeutung bei. Auch bei den nach ihm benannten Darwinfinken sah er zunächst keinen Zusammenhang zwischen Schnabelform und Lebensweise. ■

Darwins Reiseroute an Bord der Beagle. Am Ende der fünfjährigen Reise hatte Darwin seine Evolutionstheorie noch längst nicht fertig entwickelt, die Summe seiner Beobachtungen führte ihn aber zu der Überzeugung einer Veränderlichkeit der Arten.

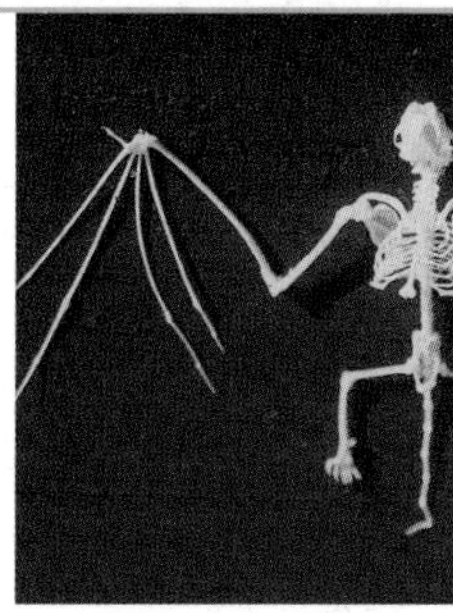

Oben: Teile des Skeletts einer rezenten Fledermaus: Die Vordergliedmaßen sind an die Lebensweise angepasst.

Auf den Spuren der Stammesgeschichte – Belege für die Evolution

Alle Lebewesen sind das Ergebnis einer Jahrmillionen währenden Evolution. Da dies ein historischer Prozess ist, lassen sich die Vorgänge der stammesgeschichtlichen Entwicklung nicht direkt erforschen, aber unzählige Tatsachen aus allen Bereichen der Biologie lassen sich nur als Ergebnis der Evolution vernünftig und widerspruchsfrei erklären.

Formen biologischer Ähnlichkeit

Bei Lebewesen kann die Ähnlichkeit biologischer Strukturen und ihrer Funktion entweder auf eine gemeinsame Abstammung oder auf Anpassung an gleiche Lebensbedingungen zurückgeführt werden. Ist die Ähnlichkeit verschiedener Arten groß, kann dies ein Zeichen enger Verwandtschaft sein, ebenso gut aber auch Folge eines gleichgerichteten Selektionsdrucks, ganz unabhängig von der Verwandtschaft. Im ersten Fall spricht man von homologer Ähnlichkeit oder Homologie, im zweiten Fall von analoger Ähnlichkeit oder Analogie. Erst eine genaue Untersuchung kann diese Formen biologischer Ähnlichkeit unterscheiden.

Gemeinsame Abstammung oder Deszendenz zeigt sich an Merkmalen, in denen sich Lebewesen ähnlich sind, in Übereinstimmungen zwischen Vorfahren und Nachfahren mit Übergangs- oder Mosaikformen, in Entwicklungsreihen zu einer Höherentwicklung und in Übereinstimmung mehr oder weniger großer Bereiche der Erbinformation. Die Vordergliedmaßen verschiedener Wirbeltiere sehen sehr unterschiedlich aus und dienen verschiedenen Zwecken. Untersucht man aber das Skelett beispielsweise eines Fledermausflügels, eines Pferdebeins, der Vorder-

Links: Erfahrene Pfauhähne vertrauen bei der Balz auf die Pracht ihres Gefieders. Junge Pfauhähne dagegen locken beim Radschlagen noch mit Scharren und Picken und geben damit einen Hinweis auf den stammesgeschichtlichen Funktionswechsel beim Balzverhalten.

flosse eines Wals, einer Vogelschwinge oder eines menschlichen Arms zeigen sich beträchtliche Übereinstimmungen: Ein Oberarmknochen, zwei Unterarmknochen, Handwurzelknochen, Mittelhandknochen und Fingerknochen sind das gemeinsame Grundmuster. In Anpassung an die jeweilige Lebensweise sind die einzelnen Skelette aber verschieden geformt: Beim Vogelflügel ist der Skelettanteil verkleinert, Handgelenk, Hand- und Fingerknochen sind reduziert, während bei der Fledermaus eine deutliche Verlängerung der Knochen auffällt. Die grundsätzliche Ähnlichkeit im Bau der Gliedmaßen der Wirbeltiere lässt sich am einfachsten erklären, wenn man davon ausgeht, dass die Grundstruktur auf übereinstimmender Erbinformation beruht, die verschiedene Abwandlungen erfahren hat. Eine derartige Ähnlichkeit biologischer Strukturen bei verschiedenen Lebewesen aufgrund übereinstimmender Erbinformation bezeichnet man als Homologie. Findet man umgekehrt bei verschiedenen Lebewesen homologe Organe, so haben sie gemeinsame Vorfahren. Ganz anders sind die Verhältnisse bei Maulwurf und Maulwurfsgrille, beides im Boden lebende, Gänge grabende Tiere. Bei Maulwurfsgrille und Maulwurf haben sich aus den völlig verschiedenen Grundstrukturen des Insektenbeins und der Säugetierhand ähnlich aussehende Graborgane entwickelt. Eine solche Funktionsähnlichkeit biologischer Strukturen bei verschiedenen Lebewesen bezeichnet man als Analogie. Die Übereinstimmung besteht allerdings nur bei oberflächlicher Betrachtung. Im Detail ergeben sich zahlreiche Unterschiede: Die Grabschaufel der Maulwurfsgrille wird von einem Außenskelett aus Chitin mit offenen Hämolymphräumen gebildet, während die Maulwurfshand ein knöchernes Innenskelett und ein geschlossenes Blutgefäßsystem aufweist. Die Ähnlichkeit kann daher nicht auf übereinstimmender Erbinformation beruhen. Sie hat ihre Ursache in einem vergleichbaren Selektionsdruck, ist also eine Anpassungsähnlichkeit. Man spricht von Konvergenz. Da Analogie und Konvergenz auf unterschiedlichen Grundstrukturen mit verschiedenartiger

Innerhalb engerer Verwandtschaftskreise gibt es spezielle Formen von Analogien, die an homologe Strukturen anknüpfen. So sind die Vorderflügel der Fledermaus und des Vogels als vordere Wirbeltiergliedmaßen homolog. Als Flugorgane erfolgte ihre Umgestaltung aber unabhängig voneinander aus den Gliedmaßen ihrer Vorfahren, die beide keine Flügel besaßen. Bei einer Gruppe früher Reptilien entwickelten sich aus den Vorderbeinen Flügel mit Federn, bei einer Gruppe früher Säuger entstand aus ihnen der heutige Fledermausflügel mit Flughäuten zwischen den Fingern. Das Ergebnis einer solchen Parallelevolution an homologen Organen, die schließlich zu analogen Bildungen wie Flughaut und Federn führt, nennt man **Homoiologie**.

Erbinformation basieren, sind sie kein Beweis für gemeinsame Abstammung, wohl aber für vergleichbare Lebensbedingungen.

Homologien und Verwandtschaft

Verwandtschaft bedeutet gemeinsame Vorfahren, und dies wiederum heißt ähnliche Gene, welche die Nachkommen von ihren Vorfahren ererbt haben. Je enger die Verwandtschaft, desto größer die Ähnlichkeit der Erbanlagen. Die meisten Säugetiere haben Gliedmaßen mit fünf Fingern oder Zehen, eine Eigenschaft, die sie von ihren gemeinsamen Vorfahren übernommen haben. Völlig gleich gebaut sind die Gliedmaßen deshalb aber keineswegs. Homologe Strukturen haben sich also im Verlauf der Evolution durch Funktionswechsel oft so sehr verändert, dass es nicht immer einfach ist, Ähnlichkeiten als Homologien zu erkennen. Der Evolutionsbiologe Adolf Remane hat im Jahr 1952 Indizien als sogenannte Homologiekriterien beschrieben, mit deren Hilfe sich Homologien feststellen lassen. So stimmen beispielsweise die Knochen der Wirbeltiergliedmaßen trotz unterschiedlicher Ausprägung in ihrer Lage im Gesamtgefüge des Organismus überein (Kriterium der Lage). Homologe Merkmale können aber auch einander entsprechende Strukturelemente aufweisen, wie dies bei den Hautschuppen der Haie und den Zähnen der Wirbeltiere der Fall ist, die einen übereinstimmenden Aufbau aus Pulpahöhle, Zahnbein und Schmelz aufweisen (Kriterium der spezifischen Qualität). Weiterhin gibt es die Möglichkeit, dass Merkmale so miteinander verbunden sind, dass sie einen Übergang von der einen Struktur zur anderen erkennen lassen (Kriterium der Stetigkeit). Solche Zwischenformen können in der Individualentwicklung auftreten, bei verwandten Arten oder durch Fossilien aus der Stammesentwicklung erhalten sein. So lassen sich die Gehörknöchelchen Hammer, Amboss und Steigbügel der Säugetiere mit den Kiefergelenkknochen der Reptilien homologisieren. Für das Beinskelett des heutigen Pferdes lässt sich anhand fossiler Zwischenformen belegen, wie durch Reduktion einzelner Glieder aus einem fünfstrahligen Fuß eine einstrahlige Form entstand.

Rudimente

Zahlreiche Strukturen verschiedener Lebewesen sind offenbar funktionslos. Sie lassen sich als Organe erklären, die im Verlauf der Evolu-

Durch Verknüpfung von Zwischenformen entstehen Progressionsreihen oder Regressionsreihen, die als Homologiekriterium der Stetigkeit gelten.

Progressions- und Regressionsreihen zeigen das Homologiekriterium der Stetigkeit

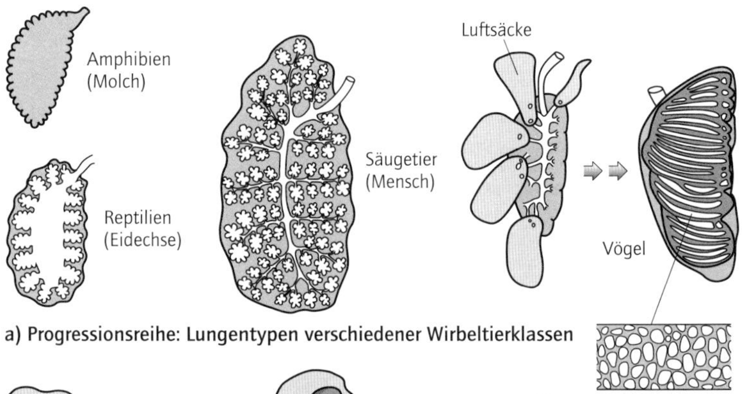

a) Progressionsreihe: Lungentypen verschiedener Wirbeltierklassen

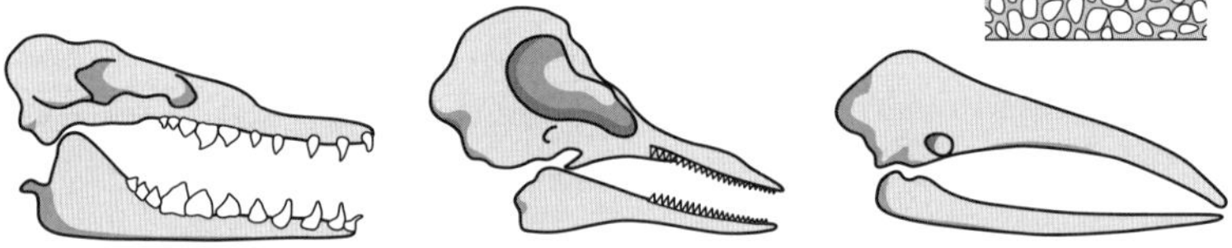

b) Regressionsreihe: Reduktion der Zähne bei Walen

tion ihre ursprüngliche Funktion völlig verloren haben, aber als Reste noch vorhanden sind. Solche Organrudimente liefern ebenfalls Hinweise auf Verwandtschaft und Abstammung. So findet man im Körperinnern mancher Wale noch Reste von Beckenknochen sowie rudimentäre Ober- und Unterschenkelknochen. Auch manche Riesenschlangen besitzen noch Rudimente eines Beckens, und einige Höhlenfische haben noch funktionslose, rückgebildete Augen.

Beispiele für Rudimentation gibt es auch beim Menschen. Sein Haarkleid ist der Rest einer ursprünglich reichen Behaarung, die Schwanzwirbelsäule ist zu einem kurzen Steißbein zurückgebildet, und die Ohrmuskulatur ermöglicht nur noch manchem eine geringe Bewegung der Ohrmuscheln.

In Ausnahmefällen treten durch Mutation ursprüngliche Merkmale, die nur von Vorfahren der Art bekannt sind, bei einzelnen Individuen wieder auf. So kann bei Pferden an einem rudimentären Zeh ein überzähliger Huf entstehen oder beim Menschen ein schwanzartig verlängertes Steißbein. Bei solchen Atavismen werden genetische Informationen der Vorfahren, die normalerweise unterdrückt werden, anomal wieder verwirklicht.

Der gleiche Bauplan

Alle Lebewesen bestehen aus Zellen mit fundamentalen Homologien in ihrem Aufbau aus Cytoplasma und Biomembranen. Allen Eukaryoten ist der Besitz von Zellkern, Chromosomen, Mitochondrien und anderen Zellorganellen gemeinsam. Prokaryoten unterscheiden sich von Eukaryoten unter anderem dadurch, dass bei ihnen die DNA nicht von einer Kernhülle umgeben ist und dass viele Zellorganellen, beispielsweise die Ribosomen, einen anderen Feinbau aufweisen.

Die frühen Embryonalstadien von Wirbeltieren verschiedener Klassen sind sich so ähnlich, dass sie sich nur schwer unterscheiden lassen. Sie gleichen alle den frühen Keimen der Fische. Die späteren Entwicklungsstadien werden dann einander unähnlicher, und die Zuordnung zur jeweiligen Wirbeltierklasse gelingt leichter. Ernst Haeckel fasste diese Beobachtungen zur Biogenetischen Grundregel zusammen: Die Keimesentwicklung (Ontogenese) verläuft wie eine kurze, schnelle und unvollständige Wiederholung der Stammesgeschichte (Phylogenese). Diese Feststellung darf nicht so verstanden werden, dass sich während der Keimesentwicklung alle Strukturen der stammesgeschichtlichen Vorfahren voll und funktionstüchtig ausbilden. So besitzt beispielsweise der menschliche Embryo keine Kiemenspalten, sondern lediglich Anlagen dafür, die funktionslosen Kiementaschen. Neben solchen Wiederholungen entwickeln Embryonen immer auch Strukturen, die ausschließlich für ihre Lebensweise erforderlich sind. Dazu zählen beispielsweise die Keimhüllen der Reptilien, Vögel und Säuger.

Die Tatsache, dass viele Arten während ihrer Individualentwicklung bestimmte Organe anlegen, die nie eine erkennbare Funktion erfüllen und die dem erwachsenen Individuum fehlen, für andere Lebewesen aber typisch sind, lässt sich wiederum am einfachsten durch gemeinsame Abstammung und Verwandtschaft erklären.

Angeborene Verhaltensweisen von Tieren derselben Art laufen in weitgehend gleicher, erblich festgelegter Weise ab. Dabei zeigen

Molekulargenetische Methoden erlauben Einblicke in die Regulation von Entwicklungsprozessen. Erstmalig bei der Taufliege Drosophila, später beim Krallenfrosch, beim Huhn und schließlich auch beim Menschen wurde eine Gruppe von Genen identifiziert, die die Anordnung der Organe entlang der Körperachse bestimmt. Diese sogenannten **Homöobox-Gene** kontrollieren und steuern die Zellen eines sich entwickelnden Vielzellers so, dass sie sich zu unterschiedlichen Zelltypen, Geweben und Organen differenzieren. Die homöotischen Gene stimmen bei vielen verschiedenen Arten von Lebewesen in bestimmten Zonen auffällig überein. Diese Übereinstimmung liefert eine molekulargenetische Erklärung der biogenetischen Grundregel.

Verhaltensweisen verwandter Arten gemeinsame Elemente, die sich ähnlich wie Körpermerkmale homologisieren lassen. Eine vergleichende Betrachtung des Balzverhaltens von Fasanenvögeln zeigt, wie sich bestimmte Verhaltensweisen voneinander ableiten lassen. Den dabei erkennbaren Funktionswechsel des Verhaltens, der dessen Signalwirkung auf den Sozialpartner verbessert, nennen die Ethologen Ritualisierung. Während der Haushahn seine Hennen durch echtes Futterpicken anlockt, zeigt der Pfauhahn beim Radschlagen ein ritualisiertes Verhalten: Er schlägt das Rad unabhängig vom Vorhandensein eines Futterkorns. Das Balzverhalten von Glanzfasan und Pfaufasan kann als Zwischenform verstanden werden: Der balzende Glanzfasan hackt mit dem Schnabel auf den Boden, der Pfaufasan verbeugt sich vor der ankommenden Henne, ohne dass ein Futterkorn vorhanden wäre.

Das Homologisieren von Verhaltensweisen wird dann erschwert, wenn ererbtes Verhalten stark von erlerntem Verhalten überlagert wird. Dies gilt besonders für den Menschen.

Biochemische Gemeinsamkeiten

Alle Lebewesen weisen die gleichen chemischen Grundbausteine auf und verwenden den gleichen genetischen Code. Viele Stoffwechselprozesse wie Glykolyse, Zitronensäurezyklus, Energieübertragung durch ATP und die Bioproteinsynthese laufen bei der Mehrzahl der Pflanzen und Tiere gleich ab. Diese und viele weitere molekularbiologische Ähnlichkeiten bei verschiedenen Lebewesen lassen sich wiederum am einfachsten und widerspruchsfrei durch übereinstimmende Erbinformation, also durch Homologie erklären. Schließlich hat die Gensequenzierung, die Analyse der Basenabfolge der DNA, genauere Hinweise geliefert, wie die Organismen miteinander verwandt sind: Je ähnlicher die Gensequenzen, desto näher die Verwandtschaft.

Konvergenz oder Anpassungsähnlichkeit

In Anpassung an die ähnliche Lebensweise hat sich bei Fischen, Delfinen, fossilen Meeressauriern und auch bei Pinguinen ein ähnlicher spindelförmiger Körperbau entwickelt. Beim schnellen Schwimmen im oberflächennahen Wasser erweist sich diese Körperform als besonders strömungsgünstig. Ebenfalls übereinstimmend ist der auf Schwanz und

Schwanzflosse beschränkte Antrieb. Beim Pinguin, der keine Schwanzflosse besitzt, sind die Beine am Körper weit nach hinten verlagert. Vergleicht man aber den Bau der inneren Organe, die Fortpflanzungsweise oder den inneren Bau der Fortbewegungsorgane wird deutlich, dass diese im Wasser lebenden Wirbeltiere doch recht verschieden sind. Über Verwandtschaft sagt ihre äußere Ähnlichkeit also nichts aus. Der gleichartige Lebensraum Wasser bedeutet einen entsprechenden Selektionsdruck und der wiederum führte zu einer Anpassungsähnlichkeit, einer Konvergenz.

Der im Wasser vergleichsweise große Widerstand bringt bei schnellschwimmenden Wirbeltieren wie Delfin (o.) und Pinguin (u.) als Konvergenz eine strömungsgünstige Körperform hervor.

KONVERGENZ BEI SUKKULENTEN

Für viele Menschen sind die stachligen, unbeblätterten Pflanzensäulen, die im ständig trockenen Landesinnern Südafrikas wachsen, einfach nur Kakteen. Der Fachmann erkennt aber leicht an der Blüte, dass es sich um Wolfsmilchgewächse oder Euphorbien handelt. Mit über 7500 Arten ist diese Pflanzenfamilie eine der bemerkenswertesten Gruppen des Pflanzenreiches. Die Blüten sind in der Regel unscheinbar, und viele Gattungen besitzen Milchröhren mit einem bisweilen giftigen Milchsaft. In unseren Wäldern und Wiesen wachsen Waldbingelkraut und Zypressenwolfsmilch als krautige Vertreter, in den Tropen bildet der Weihnachtsstern ausdauernde immergrüne Sträucher, während die Kandelaber-Wolfsmilch in den afrikanischen Wüstengebieten heimisch ist.

Viele Pflanzen in Trockengebieten haben ihre Stämme oder Blätter zu fleischigen Wasserspeichern umgebildet. Das Phänomen nennt man Sukkulenz. Aufgrund gleicher ökologischer und physiologischer Anforderungen entwickelte sich bei sukkulenten Pflanzen im Laufe der Evolution eine verblüffende Anpassungsähnlichkeit. Aufgrund dieser Konvergenz sehen sich die Kakteen Amerikas und die Wolfsmilchgewächse Afrikas zum Verwechseln ähnlich. Untersucht man aber den Bau der Blüten und Früchte, die Organe der Wasserspeicherung oder verschiedene Stoffwechselprozesse der beiden Pflanzengruppen, wird deutlich, dass sie nicht näher miteinander verwandt sind.

Wolfsmilchgewächs (li.) oder Kaktus (re.)? Angepasst an die Wasserarmut ihres Lebensraumes entstand eine verblüffende Anpassungsähnlichkeit. Erst der Bau der Blüte, der Früchte oder Details im inneren Körperbau zeigen, dass die Pflanzen nicht näher miteinander verwandt sind.

Besondere morphologische Einrichtungen ermöglichen den Euphorbien eine extreme Einschränkung der Verdunstung. Sie besitzen eine durch einen wachsähnlichen Überzug geschützte Oberhaut, die Blätter sind zu Dornen umgebildet, die Säulenform vermindert die der Sonne ausgesetzte Fläche, und der chlorophyllhaltige Stamm übernimmt die Fotosynthese wie die Wasserspeicherung.
Auch bei der CO_2-Fixierung für die Fotosynthese haben manche Wüstenpflanzen eine besondere ökologische Variante entwickelt. Am Tage steht für die Fotosynthese zwar ausreichend Licht zur Verfügung, in trockenheißen Gebieten besteht aber gleichzeitig die Gefahr des Austrocknens, wenn die Spaltöffnungen geöffnet sind. Manche Sukkulenten wie beispielsweise Kakteen oder Dickblattgewächse halten ihre Spaltöffnungen daher in der Tageshitze wegen der Gefahr der übermäßigen Transpiration geschlossen, öffnen sie aber in der Nacht, um CO_2 aufzunehmen. Um das Gas bis zum Tage speichern zu können, wird es an Brenztraubensäure gebunden und so Äpfelsäure hergestellt.
Während die stammsukkulenten Wolfsmilchgewächse für afrikanische Savannen teilweise sogar landschaftsbestimmend sind, hat sich in den Trockengebieten Amerikas bei den Kakteen eine analoge Entwicklung abgespielt, die als Ergebnis eine nahezu identische Form des Pflanzenkörpers hervorbrachte. Erst wenn man genauer hinsieht, erkennt man, dass sich nicht nur der Bau der Blüten und Früchte unterscheidet, sondern dass beispielsweise auch die Wasserspeicherung beim Kaktus vom Rindengewebe des Stammes übernommen wird, während dies bei der Wolfsmilch das Mark übernimmt.
Auch bei anderen Pflanzenfamilien entstanden analoge wasserspeichernde Strukturen. So zeigt die Madagaskarpalme in den Trockengebieten Südafrikas, Angolas und Madagaskars einen keulig verdickten Stamm, in der Verwandtschaftsgruppe der Kreuzkräuter findet man Wasserspeicherung im Stamm bei der Gattung Kleinia, und bei einigen Vertretern der Bromeliengewächse bringt Sukkulenz einen Überlebensvorteil bei deren epiphytischer Lebensweise. ■

Fossilien als Zeugen vergangenen Lebens

In den Gesteinsschichten der verschiedenen geologischen Epochen findet man Fossilien, versteinerte Reste von vorzeitlichen Lebewesen. Dazu zählt man auch Lebensspuren wie Abdrücke, Verfärbungen oder Fraßgänge. Mit dem Leben vergangener Erdzeitalter befasst sich die Paläontologie als Wissenschaft.

Die Entstehung von Fossilien ist ein seltenes Ereignis und wie das Auffinden der Fossilien immer von Zufällen abhängig, sodass aus der Analyse von Fossilien nie ein vollständiges Bild des Evolutionsablaufes zu erhalten sein wird. Dennoch haben Fossilien als Zeugnisse der Evolution eine besondere Bedeutung. Sie sind direkte Dokumente vergangener Lebewesen und ermöglichen deren zeitliche Einordnung.

Fossilisation

In der Regel werden Lebewesen nach ihrem Absterben schnell zerstört und bakteriell zersetzt. Für die Bildung von Fossilien, die Fossilisation, ist daher entscheidend, dass die Überreste der Lebewesen rasch in Sedimente, also abgelagerte Verwitterungsprodukte der Erdkruste, eingebettet werden und diese sich schnell verfestigen. Ein sauerstofffreies Medium verhindert zumindest teilweise die weitere Zersetzung. Deshalb

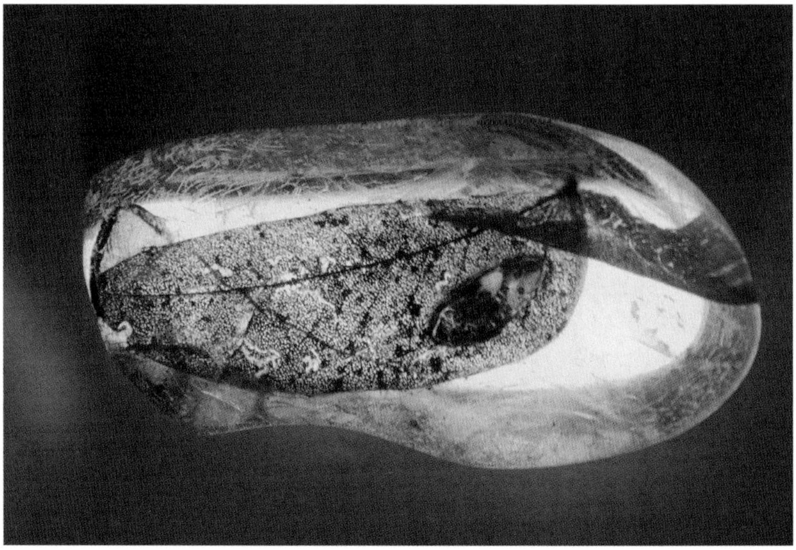

Nach Einschluss im Harz stirbt das Lebewesen ab, und es beginnt dessen teilweise Zersetzung. Damit eine Bernstein-Inkluse wie im Bild entsteht, muss der Einschluss so lange formstabil bleiben, bis das Harz erhärtet ist.

findet man Fossilien häufig in Flachmeeren, Sümpfen, Flugsand, Asphaltseen oder in Dauerfrostböden, wo diese Bedingungen einigermaßen erfüllt sind. Vielfach sind auch Ganzkörperfossilien in Bernstein eingeschlossen, fossilem Harz früherer Nadelbäume. Beim Austreten des Harzes aus den Bäumen wurden hin und wieder Insekten und andere kleine Lebewesen überflossen und eingeschlossen. Heute kann man aus den Einschlüssen Aussagen über die damalige Pflanzen- und Tierwelt machen. In Gegenden mit extremer Trockenheit oder im Dauerfrostboden können tote Lebewesen durch Austrocknung als Mumien konserviert werden. Meist jedoch sind nur widerstandsfähige Hartteile wie Knochen, Schuppen, Zähne, Chitinpanzer oder Schalen als Fossilien erhalten. Aber auch fossile Bakterien, Pollenkörner oder Einzeller sind als Mikrofossilien bekannt.

In den Sedimentschichten können mineralhaltige Lösungen in das Fossil eindringen und das ursprüngliche organische Material verändern oder ersetzen. Bei versteinerten Baumstämmen drang beispielsweise Kieselsäure in das Gewebe des toten Baumes ein und ersetzte das organische Material. Steinkerne entstehen, wenn sich Hohlräume mit eindringendem Sediment füllen und dieses erhärtet. So zeigen die Steinkerne bei den zu den Kopffüßern zählenden Ammoniten den inneren Abdruck der Schale in allen Einzelheiten.

Mit äußerster Sorgfalt geht die Feldarbeit der Paläontologen vor sich. In der Regel sind Pinzette, Lupe, Nadel und Pinsel als Werkzeuge viel wichtiger als Spaten oder Hacke. Die Ausgrabungsstelle wird zu Beginn genau vermessen, jeder noch so kleine Fossilienfund in einen Lageplan eingetragen. Nach der Bergung werden die Funde im Labor mit den unterschiedlichsten Techniken präpariert, untersucht und bearbeitet. Meist sind Forschungsinstitut und Naturkundemuseum eine Einheit. Ein Bruchteil der Sammlung wird Besuchern zugänglich gemacht, die übrigen Objekte stehen wie Urkunden in einem Archiv als Zeugen für die Entwicklung des Lebens auf der Erde der Forschung zur Verfügung.
Wenn ausreichend Detailfunde vorliegen, ist die **Rekonstruktion eines Fossils** möglich. Zur Veranschaulichung des äußeren Lebensbildes wird es oftmals als Diorama in ein Landschaftsbild seiner Zeit gestellt.

Altersbestimmung

Um Fossilien bestimmten Erdepochen zuordnen zu können, muss ihr Alter bestimmt werden.

Die relative Altersbestimmung geht davon aus, dass Sedimentgesteine umso älter sind, je tiefer sie in einer ungestörten Schichtenabfolge liegen. Ein Vergleich mit heute ablaufenden Ablagerungsprozessen ermög-

Stellt man sich das Alter der Erde als einen Tag im Kosmos vor, erscheinen die Dinosaurier erst kurz vor 23 Uhr, der Mensch eineinhalb Minuten und seine Zivilisation eine Sekunde vor Mitternacht. Die **geologische Zeitskala** beruht auf der Datierung der Gesteine durch die in ihnen enthaltenen Fossilien. Stellt man sich die Gesteine in der Reihenfolge ihrer Entstehung als aufeinanderliegende Schichten vor, erhält man eine Säule, in der die gesamte biologische Geschichte der Erde enthalten ist. Leider ist diese Säule nirgends auf der Welt zu finden, denn die Erdkruste ist von Anbeginn an gewaltigen Kräften unterworfen, die Gesteine bewegen und verformen. Trotzdem erkannte 1841 John Philips mehrere tiefgreifende Änderungen in der Erdgeschichte. Danach gliedert er die Erdzeitalter in Erdaltertum, Erdmittelalter und Erdneuzeit. Das älteste fossilienfreie Zeitalter nannte er Präkambrium.

licht eine Schätzung des relativen Alters einer bestimmten Schicht und der in ihr liegenden Fossilien.

Manche Fossilien kommen für eine geologisch kurze Zeit ausschließlich in einer bestimmten Schicht vor, sind dort aber weit verbreitet. Man nennt sie Leitfossilien, da ihr Vorkommen als Merkmal dieser Schicht gilt. So sind beispielsweise verschiedene Trilobiten für bestimmte Abschnitte des Erdaltertums kennzeichnend, während verschiedene Ammoniten für bestimmte Zeitabschnitte des Erdmittelalters typisch sind.

Die absolute Altersbestimmung ist hingegen eine physikalische Methode, die auf dem Zerfall radioaktiver Isotope im Fossil selbst oder im umgebenden Gestein beruht. Die Zeit, in der die Hälfte des Ausgangsstoffes zerfällt, wird als Halbwertszeit bezeichnet. Da die Geschwindigkeit des radioaktiven Zerfalls von äußeren Einflüssen unabhängig ist, erlaubt die Kenntnis von Halbwertszeit und Mengenverhältnis von Ausgangs- und Endprodukt die Berechnung der Zeit, in der sich dieses Mengenverhältnis eingestellt hat. Da die Konzentration der Ausgangsstoffe mit fortschreitender Zerfallszeit immer geringer wird und damit schwieriger zu ermitteln ist, können sehr alte Fossilien nur mit radioaktiven Elementen bestimmt werden, die eine hohe Halbwertszeit haben.

Eine inzwischen klassische Arbeitsweise ist die Kalium-Argon-Methode, die bei vulkanischem Gestein angewendet werden kann. Sie beruht auf der Tatsache, dass radioaktives Kalium (^{40}K) mit einer Halbwertszeit von 1300 Millionen Jahren zu Argon (^{40}Ar) zerfällt. Da bei einem Vulkanausbruch das Argon aus dem geschmolzenen Gestein entweicht, ist frisch erstarrte Lava frei von Argon. Durch Zerfall von radioaktivem Kalium im Gestein entsteht wieder neues Argon. Bestimmt man dessen Gehalt, lässt sich der Zeitpunkt des Erstarrens der Lava und damit auch das Alter von darin eingeschlossenen Fossilien errechnen.

Bindeglieder und Mosaikformen

Die Aussicht, fossile Arten von Übergangsstadien zwischen den Großgruppen der Lebewesen zu finden, wird immer gering sein, meinte einst Charles Darwin. Er sprach von »missing links«. Inzwischen kennt man zahlreiche Fossilien, die als »connecting links« einen Eindruck vermitteln, wie die wesentlichen Merkmale einer Großgruppe in die einer andern übergehen.

Die Radiokarbon-Methode nutzt den Zerfall des radioaktiven ^{14}C-Isotops. Dieses entsteht fortlaufend durch kosmische Höhenstrahlung aus Stickstoffatomen. Über die Fotosynthese und die Nahrungskette der Tiere wird ein konstanter Anteil des ^{14}C-Isotops in alle Lebewesen eingebaut. Nach deren Tod zerfällt das Isotop mit einer Halbwertszeit von 5740 Jahren. Aufgrund der kurzen Zerfallszeit kann die **Radiokarbon-Methode** nur bei Fossilien bis zu einem Alter von 50 000 Jahren angewandt werden. Da aber kosmische Strahlung durch die magnetische Aktivität der Sonne beeinflusst wird und somit der ^{14}C-Anteil in der Atmosphäre schwankend ist, sind Radiokarbon-Daten nicht sehr genau. Für die letzten 10 000 Jahre können sie bis zu mehreren 100 Jahren variieren. Insbesondere für Datierungslücken im Eiszeitalter liefert die Thermoluminiszenz nach Eichung verlässlichere Zeitangaben.

Mit einer 150 Millionen Jahre alten Feder begann die Geschichte der Urvogelfunde in den Solnhofener Plattenkalken. Im Jahr darauf barg man ein gut erhaltenes befiedertes, allerdings kopfloses Skelett. Bis heute hat man zehn unterschiedlich gut erhaltene Fossilien des taubengroßen Archaeopteryx lithographica auf der Fränkischen Alb gefunden. Das zweite Exemplar, das heute im Museum für Naturkunde in Berlin hängt, ist wegen seiner vollständigen Erhaltung der wichtigste Fund. An ihm erkennt man außer den Federn einen Hornschnabel mit Zähnen, eine lange Schwanzwirbelsäule, eine nach hinten gerichtete erste Zehe, freie Fingerglieder mit Krallen an den Flügeln, teilweise miteinander verwachsene Mittelfußknochen, ein aus den Schlüsselbeinen entstandenes Gabelbein und Bauchrippen.

Brückentiere nennen die Evolutionsbiologen Übergangsformen wie den Archaeopteryx, die Merkmale von zwei benachbarten systematischen Gruppen aufweisen. Da die evolutive Umbildung verschiedener Strukturen mit unterschiedlicher Geschwindigkeit erfolgt, nehmen aber bei solchen Übergangsformen nie alle Merkmale eine Mittelstellung zwischen den Gruppen ein. Besser ist daher der Begriff Mosaikformen, zeigen sie doch eher ein Mosaik aus ursprünglichen und fortschrittlichen Eigenschaften. So besitzt der Urvogel Archaeopteryx ein Mosaik aus Kriechtier- und Vogelmerkmalen. Federkleid, Schädelform mit großen Augen, Schulter- und Beckengürtel sowie Teile der hinteren Gliedmaßen entsprechen dem Vogeltypus, während die Zähne, die lange Schwanzwir-

Das Außergewöhnliche am Archaeopteryx ist, dass er Merkmale von Kriechtieren und Vögeln aufweist.

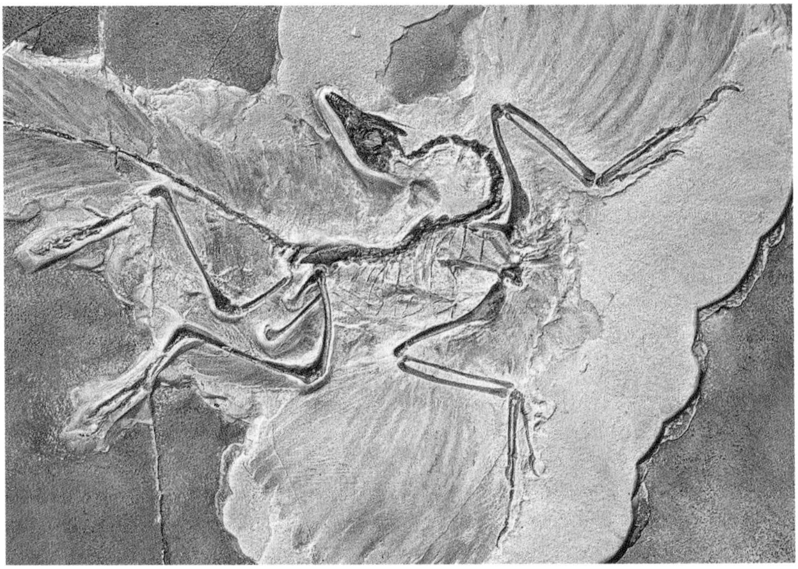

belsäule, die nicht verwachsenen Mittelhandknochen und die Krallen an den drei Zehen der Vordergliedmaßen reptilienhaft sind.

Im Devongestein Grönlands fand man Ichthyostega, einen frühen Vertreter der Landwirbeltiere. Das Fossil vermittelt den gestaltlichen Eindruck eines Übergangsstadiums vom Wasser- zum Landlebewesen. Sein walzenförmiger Körper mit einem fischartigen Schwanz, der fischähnliche Bau der Zähne, Schuppen als Körperbedeckung und der schwere abgeflachte Schädel erinnern an seine Fischvorfahren. Aufgrund seiner vier kurzen, seitwärts abgespreizten Beine mit jeweils fünf Zehen und des Fehlens von Kiemen rechnet man Ichthyostega zu den Amphibien. Wie diese atmet er durch die Haut und mit Lungen.

Bezeichnet man ihn als Bindeglied, drückt man damit aus, dass aus dieser Art schließlich die Amphibien hervorgehen. Nennt man ihn eine Mosaikform, wird damit beschrieben, dass die Art sowohl Merkmale von Fischen wie von Amphibien besitzt.

Aus südafrikanischen Triassedimenten kennt man Cynognathus, ein säugetierähnliches Reptil, oder anders ausgedrückt, einen frühen Vorfahren der Säugetiere, die aus den Reptilien hervorgingen. Das Fossil besitzt als Säugermerkmale ein verschiedenzähniges Gebiss, sieben Halswirbel und ein sekundäres Kiefergelenk, während der übrige Skelettbau der eines Reptils ist.

Rezente Mosaikformen

Eine lebende Mosaikform ist der neuseeländische Stummelfüßer Peripatus, Vertreter einer uralten Fauna, der Merkmale von Ringelwürmern und Gliederfüßern in sich vereint. Sein Hautmuskelschlauch und die gleichmäßige Körpergliederung hat er von seinen Ringelwurm-Vorfahren beibehalten, seine Mundwerkzeuge und die Tracheenatmung sind Kennzeichen von Gliederfüßern.

Dabei zeigen die Stummelfüßer auch eigenständige spezifische Merkmale wie ihre Stummelbeine, bei denen zwischen den sichtbaren Ringen des Außenskeletts keine Gelenkhäute ausgebildet sind. Stummelfüßer tragen Antennen und besitzen spezielle Kieferhaken, Blasenaugen und Extremitäten mit Krallen. Im Bauchmark liegen die Nervenzellen eher verstreut und sind nicht konsequent als Nervenknoten konzentriert wie bei den anderen Gliedertieren. Beim Laufen heben die Stummelbeine den Körper vom Boden ab, der durch den Hautmuskelschlauch ziehharmonikaartig zusammen- und auseinandergezogen wird. Untersuchungen der Beinmuskeln ergeben, dass es zwar Beuger zum Heben des Beines und Muskeln zum Vorschwingen gibt, aber keine Streckmuskeln. Das Bein wird vielmehr durch hydraulischen Druck gestreckt, der durch das Zusammenziehen des Hautmuskelschlauches erzeugt wird.

Die Evolution der Pferdeartigen

Am Beispiel der Evolution der Pferdeartigen zeigt sich, wie durch die Berücksichtigung der Ergebnisse aus verschiedensten Wissensgebieten die stammesgeschichtliche Entwicklung einer Organismengruppe rekonstruierbar wird. Die Entwicklungsgeschichte der Pferde, die sich größtenteils in Nordamerika vollzog, lässt sich durch Fossilmaterial bis in eine Zeit vor 60 Millionen Jahre zurückverfolgen. Die ältesten Fossilien der Vorläufer der heutigen Pferde stammen von dem 58 bis 36 Millionen Jahre alten Urpferd Hyracotherium. Es besaß niedrige, vierhöckrige Backenzähne, wie sie für das Zerquetschen von weichen Laubblättern des Waldes geeignet sind. Die Tiere mit einer Schulterhöhe von etwa 30 Zentimeter hatten am Vorderfuß vier, am Hinterfuß drei Zehen. Andere fossile Arten wie das in Messel gefundene Propaläotherium, Mesohippus, Meryhippus und Equus sind durch Unterschiede in Körpergröße, Zehenzahl, Schädelform und Bau der Zähne gekennzeichnet.

LEBENDE FOSSILIEN

Quastenflosser, fossil seit dem Devon, als artenreiche Fischgruppe bekannt, hielt man für lange ausgestorben, als 1938 ein lebender Quastenflosser vor Südafrika gefangen wurde. Mit zwei Arten kommen Quastenflosser der Gattung Latimeria an wenigen Stellen in der Tiefe des Indischen Ozeans vor. Sie weisen viele altertümliche Merkmale auf und unterscheiden sich darin kaum von 70 Millionen Jahre alte Formen.

Mit einem Begriff Darwins bezeichnet man solche Arten als lebende Fossilien. Sie stehen heute im natürlichen System isoliert als Vertreter einer einst größeren Verwandtschaftsgruppe, von der sie mit ursprünglichen, seit Millionen Jahren kaum veränderten Merkmalen Zeugnis geben. Während ihre Vorfahren einst weit verbreitet waren, beschränkt sich das Vorkommen der lebenden Fossilien heute auf ein enges geografisches Verbreitungsgebiet.

Obwohl die Zuordnung zu den lebenden Fossilien relativ ist, gelten die angeführten Kriterien ganz sicher für den australischen Lungenfisch Neoceratodus, dessen Vorfahren vor 400 Millionen Jahren im Devon überaus häufig waren. Er unterscheidet sich nur wenig vom fossilen Ceratodus, den die Paläontologen schon lange aus der Triaszeit vor 230 Millionen Jahren kennen.

Auch beim Perlboot Nautilus scheint die Sache eindeutig. Seit der Blütezeit der Kopffüßer im Erdmittelalter hat sich das Gemeine Perlboot bis heute nahezu unverändert erhalten. Wie seine Ammonitenverwandten in der Jura- und Kreidezeit hat Nautilus ein gekammertes Spiralgehäuse. Nur die zuletzt gebaute, nach außen offene Kammer ist die Wohnkammer, alle zuvor entstandenen Kammern sind durch den Sipho als Organ des Gasaustausches miteinander verbunden. Der 30 Zentimeter große Nautilus sucht als Nachtjäger am Meeresboden vor allem Würmer und Krebse, frisst aber auch Aas. Dort vermag das Tier auch auf seinen 80 bis 90 saugnapflosen Armen langsam herumzukriechen, aber meist schwebt es langsam durch das Wasser. Durch Änderung des Gasvolumens in den mehr als zwei Dutzend Schalenkammern vermag es den Auftrieb zu regulieren. Zur schnellen Flucht bedient es sich des für Kopffüßer typischen Rückstoßprinzips.

Im Gegensatz zu allen anderen Vertretern der heute lebenden Kopffüßer besitzt das Perlboot oder Schiffsboot ein äußeres Gehäuse. Bei den moderneren Kopffüßern wie Sepien und Kalmaren ist die Schale ins Körperinnere verlagert und vom Mantel eingeschlossen. Den achtarmigen Kraken fehlt eine Innenschale fast vollständig. Die Tiere sind dadurch weitaus wendiger und können dank ihres Tintenbeutels bei Gefahr eine wirkungsvolle Vernebelungstaktik zur Flucht einsetzen.

Als weitere Beispiele für lebende Fossilien lassen sich der Pfeilschwanzkrebs Limulus, die Brückenechse Sphenodon, Palmfarne, der Ginkgobaum sowie die erst kürzlich entdeckte australische Wollemikiefer anführen.

Warum die lebenden Fossilien oder Dauergattungen, wie man sie auch nennt, ihre Merkmale so lange bewahren und alle nahen Verwandten überleben konnten, kann man im Einzelnen nicht erklären. Latimeria und Nautilus könnten ihre lange Existenz den relativ konstanten Bedingungen des Lebensraums Tiefsee verdanken.

Im Gegensatz zu vielen anderen lebenden Fossilien lebt der Sommerschildkrebs Triops cancriformis in einem absolut inkonstanten Lebensraum. Triops hat ein stammesgeschichtliches Alter von 200 Millionen Jahren. Unter dem großen Rückenschild der bis zu zehn Zentimeter langen Kleinkrebse liegen 40 Beinpaare, wahre Multifunktionsorgane. Mit ihnen schwimmen, atmen und ernähren sich die Tiere. Sobald im Sommer das Wasser in Regenpfützen und Aue-Tümpeln warm genug ist, tauchen sie auf. Kaum einen Tag, nachdem sich das Wasser angesammelt hat, findet man schon ihre Nauplien, die Larvenstadien der Krebse. Doch bald liegt ihr Lebensraum wieder trocken, was für sie allerdings überlebensnotwendig ist. Denn nur so können sich keine Fische oder Libellenlarven entwickeln, die für die schutzlosen Schildkrebse gefährliche Räuber wären. ■

Das Perlboot Nautilus ist der einzige noch lebende Vertreter der Tintenfische mit einer äußeren Schale.

Verlauf der Evolution bei den Pferdeartigen.

Stammesgeschichte der Pferdeartigen

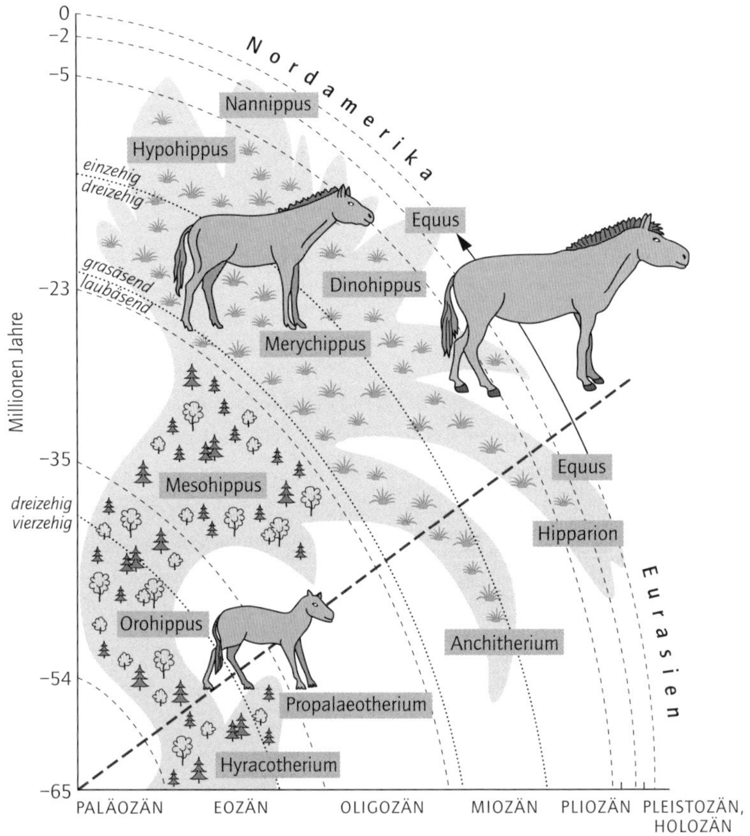

Ein Vergleich des fossilen Materials lässt verschiedene Entwicklungstendenzen wie Größenzunahme und Reduktion der Zehenzahl erkennen, die sich oft unabhängig voneinander und schubweise durchsetzten. Immer wieder bedingte die Veränderung eines Körperteils die Umbildung des ganzen Körpers.

Die meisten Fossilfunde stammen aus Nordamerika. Durch die Lage der Kontinente und mehrmaliges Absinken des Meeresspiegels während des Tertiärs bestanden Landverbindungen zwischen Nordamerika und Eurasien, über die inzwischen ausgestorbene Pferdearten mehrfach nach Eurasien und Afrika einwanderten.

Die Paläoklimatologie liefert Erkenntnisse, dass vor rund 25 Millionen Jahre durch eine Klimaveränderung das zunächst feuchtwarme Klima kühler und trockener wurde. Der bis dahin weit verbreitete Laubwald wurde zu Grasland und Steppe, die Pferdeartigen wurden von Wald- zu Steppentieren.

Die anfangs wenigen Fossilfunde täuschten zunächst eine zielgerichtete Entwicklung hin zum modernen Pferd vor. Die Auswertung immer weiterer Funde ergab aber schließlich ein Evolutionsgeschehen mit vielen Sackgassen und Seitenzweigen, bei dem durch Umweltveränderungen immer neue Selektionsfaktoren wirksam wurden.

Ergebnisse der Paläontologie

Aus der Fossilgeschichte der Lebewesen lassen sich einige allgemein gültige Erkenntnisse gewinnen: So gut wie alle Fossilien können mit Hilfe der Homologiekriterien bestimmten heute vorkommenden Tier- und Pflanzengruppen zugeordnet werden. Je älter Fossilien aber sind, umso mehr weichen sie von den heute lebenden, rezenten Formen ab. Nicht alle Gruppen der Lebewesen waren von Anfang an vertreten. Viele Formen zeigen im Verlauf der Zeit eine zunehmende Kompliziertheit. Daneben findet man aber auch Rückbildungen, wie beispielsweise bei manchen Parasiten. Die verschiedenen systematischen Gruppen treten nacheinan-

Bei den fossilen Vorfahren ist die Blattfläche noch mehrfach zerschlitzt, während das heutige Ginkgoblatt die in zwei Teile gespaltene dichotome Verzweigung vor allem in der Blattaderung erkennen lässt.

der auf. So erscheinen beispielsweise die Lurche erst lange nach den Fischen, die Reptilien folgen später und noch später, erscheinen Säugetiere und Vögel. Für viele Fossilien lassen sich Entwicklungsreihen abgestufter Ähnlichkeit aufstellen, bei denen sich eine Entwicklung in kleinsten Schritten nachvollziehen lässt. Merkmale ausgestorbener Arten treten nicht wieder in gleicher Weise auf. Evolutionsvorgänge sind unumkehrbar. Die meisten Pflanzen- und Tierarten sind auf eine bestimmte geologische Epoche beschränkt und sterben dann aus. Nur sehr wenige Formen haben lange Perioden unverändert überdauert.

Die Rekonstruktion der Stammesgeschichte

Seit Aufkommen der Evolutionstheorie versucht die Biologie, die Organismen nach ihrer Stammesgeschichte zu gliedern. Stammbäume haben dabei die Aufgabe, die verwandtschaftlichen Beziehungen der Lebewesen untereinander aufzuzeigen.

Das Einordnen der Lebensformen in die systematischen Kategorien nach vornehmlich äußeren, leicht erkennbaren Baumerkmalen, wie Linné dies tat, ergab ein künstliches System. Dieses wurde im 19. Jahrhundert mit dem Aufkommen der Evolutionslehre durch ein natürliches System ersetzt, das abgestufte Ähnlichkeiten zwischen den Arten als Folge von abgestuften Verwandtschaftsgraden interpretiert.

Ziel der stammesgeschichtlichen Systematik ist es, über die Benennung und Einordnung von Arten hinaus ein natürliches System zu erstellen, das die evolutionären Beziehungen widerspiegelt. Dazu werden die verwandtschaftlichen Zusammenhänge in der Artenvielfalt erforscht, und die stammesgeschichtliche Entfaltung wird rekonstruiert. Die Ergebnisse werden als Stammbäume dargestellt. Auf keinen Fall aber darf die Möglichkeit, Lebewesen im System zu ordnen, als Beweis für Evolution angeführt werden. Dies wäre ein Zirkelschluss.

Systematische Kategorien

Eine in das natürliche System in einer bestimmten Kategorie eingeordnete Gruppe von Lebewesen bezeichnet man als taxonomische Gruppe oder Taxon. Das Teilgebiet der Biologie, das sich mit dem Beschreiben, Benennen und Ordnen der Lebewesen beschäftigt, heißt Systematik. Durch Gruppierung mehrerer Arten zu umfassenden Ordnungseinheiten entsteht ein hierarchisches System. Individuen werden zu Arten zusammengefasst, Arten zu Gattungen, jede Gattung ist Teil einer Familie, und diese wiederum stehen in Ordnungen, die Teil von Klassen sind. In der Hierarchie folgen Stamm und Reich als nächsthöhere Ebenen. Wo diese Hierarchieebenen nicht ausreichen, werden weitere Begriffe wie beispielsweise Überfamilie oder Unterstamm eingeführt. Das Ergebnis dieser Systematisierung wird als Klassifikation, jede Klassifikationsebene als Kategorie bezeichnet. Das Bestimmen, Beschreiben und Einordnen von Arten in verschiedene Taxa ist Aufgabe der Taxonomie.

Methoden der Klassifikation

Die anschaulichste Form, in der sich die verwandtschaftlichen Beziehungen im natürlichen System darstellen lassen, sind Stammbäume. Erstmals von Charles Darwin 1837 in sein Notizbuch gekritzelt, um die »Divergenz der Charaktere« zu veranschaulichen, wurden sie im 19. Jahrhundert vor allem von Ernst Haeckel kunstvoll als Baum gestaltet. Heute werden sie als abstrakte Diagramme mit einer Zeitachse und einer Achse für Divergenz der Merkmale dargestellt.

Ein konventioneller Stammbaum, ein Phylogramm, zeigt, zu welchem relativen oder auch absoluten Zeitpunkt sich die verschiedenen Gruppen trennten und wie unterschiedlich die Gruppen geworden sind, seit sie sich von einem gemeinsamen Vorfahren abzweigten. Die Breite ihrer Stammlinien kann die Vielzahl der daraus hervorgegangenen Arten veranschaulichen.

Ein Kladogramm, der Stammbaum der phylogenetischen Systematik, stellt nur die Aufspaltungen der Abstammungslinien dar, wobei jede Abzweigung durch eines oder mehrere neu erworbene Merkmale definiert ist. Solche evolutiv neuen Merkmale bezeichnet man als abgeleitet oder apomorph, ursprüngliche Merkmale dagegen als plesiomorph. In einem Kladogramm ist daher jede Abzweigung durch eine oder mehrere Apomorphien definiert, die nur im abgeleiteten Zweig des Kladogramms vorkommen. Aus einer Stammgruppe entstandene Schwestertaxa lassen sich daher an dem gemeinsamen Besitz abgeleiteter Merkmale oder Synapomorphien erkennen. Alle Arten mit einem gemeinsamen Vorfahren bilden demnach eine Abstammungsgemeinschaft oder monophyletische Gruppe. So ist das Amnion als Eihülle eine Synapomorphie, die

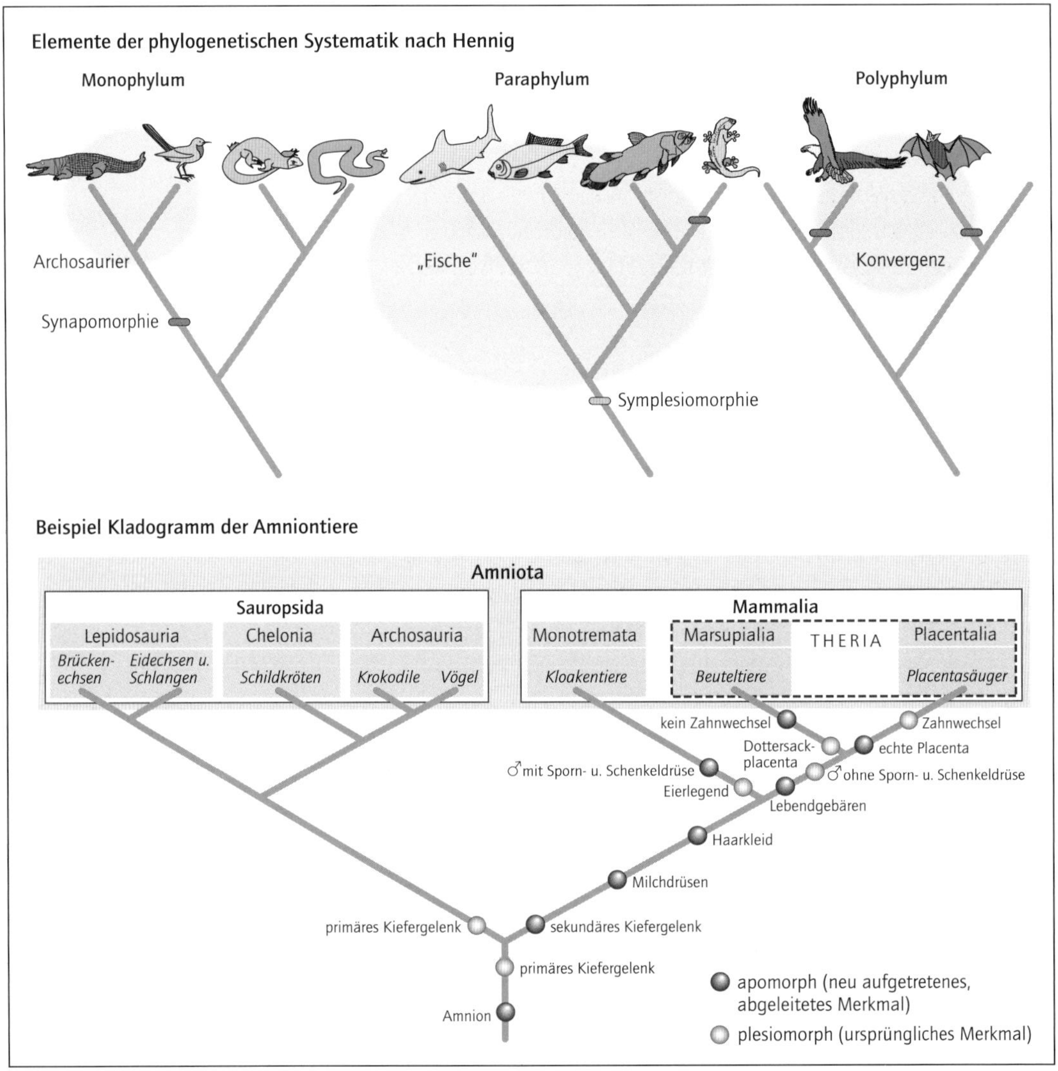

Nur durch Übereinstimmung in abgeleiteten homologen Merkmalen, den Synapomorphien, lässt sich eine nähere Verwandtschaft begründen. Paraphyletische Gruppen umfassen nicht alle Vertreter einer Stammart, weil sie aufgrund von ursprünglichen Merkmalen, den Symplesiomorphien, gebildet wurden. Polyphyletische Gruppen gar sind künstliche Einheiten nicht näher verwandter Arten, die auf Grund von Konvergenzen zusammengefasst wurden. Oben: Elemente der phylogenetischen Systematik nach Hennig. Unten: Kladogramm der Amniontiere.

nur bei Reptilien und Säugern vorkommt, nicht aber bei den anderen Klassen der Wirbeltiere.

Ein Kladogramm zeigt nur die Abfolge der Verzweigungen im Verlauf der Stammesgeschichte, nicht aber das Ausmaß an evolutionärer Verschiedenheit.

Diese auf den deutschen Insektenforscher Willi Hennig (1913–1976) zurückgehende Methode macht die stammesgeschichtliche Forschung zu einem objektiven Wissenschaftszweig, deren Ergebnisse eine kritische Überprüfung erlauben.

Während man früher eine subjektiv empfundene allgemeine Ähnlichkeit als Maß für den Verwandtschaftsgrad anführte, zeigte Hennig, dass nur der gemeinsame Besitz von weiterentwickelten Merkmalen Aussagen über den Verwandtschaftsgrad zulässt. So ist beispielsweise der im Indischen Ozean als lebendes Fossil vorkommende Quastenflosser Latimeria anderen Meeresfischen äußerlich viel ähnlicher als irgendeinem Landwirbeltier. Der Aufbau seiner Brustflosse mit Oberarmknochen sowie Elle und Speiche zeigt aber, dass Latimeria mit den Landwirbeltieren näher verwandt ist als mit den Fischen.

Phylogenetische oder traditionelle Systematik?

Krokodile und Vögel besitzen zahlreiche Synapomorphien. Auch molekulare Belege sprechen dafür, dass Krokodile näher mit Vögeln verwandt sind als mit Schildkröten, Echsen und Schlangen. Folgerichtig darf die alte Gruppeneinteilung der Reptilien, die aufgrund gemeinsamer ursprünglicher Merkmale weithin geläufig ist, in der phylogenetischen Systematik nicht mehr verwendet werden. Krokodile bilden mit den Vögeln ein gemeinsames Taxon, die monophyletische Gruppe Archosauria.

In der traditionellen Systematik bilden Krokodile gemeinsam mit Schildkröten, Echsen und Schlangen die Klasse der Reptilien, die Vögel aber eine den Reptilien gleichrangige Klasse. Mit dieser Klassifikation wird ausgedrückt, dass sich die Krokodile seit der Aufspaltung der beiden Linien langsamer weiterentwickelt haben als die Vögel. Die Flugfähigkeit der Vögel als evolutionärer Durchbruch brachte zahlreiche neue Merkmale hervor, die es rechtfertigen, Vögel als eigene Kategorie zu betrachten. Demgegenüber sind die Krokodile aufgrund vieler ursprünglicher Merkmale den andere Kriechtieren viel ähnlicher als den Vögeln. Die traditionelle Klasse Reptilien umfasst damit aber nicht alle Abkömmlinge des gemeinsamen Vorfahren, sondern schließt die Vögel aus.

MOLEKULARBIOLOGISCHE STAMMBAUMFORSCHUNG

Die Analyse der DNA-Sequenzen und der Aminosäuresequenz der Eiweiße spielt als molekulare Phylogenie eine immer bedeutsamere Rolle.
Ein hypothetischer Stammbaum verschiedener Lebewesen auf der Basis von Unterschieden in der Aminosäuresequenz eines bestimmten Proteins geht von der Überlegung aus, dass jede Änderung in der Aminosäuresequenz auf einer Mutation in der DNA-Struktur beruht. Je mehr Änderungen vorhanden sind, umso mehr Mutationen haben stattgefunden und umso größer ist die stammesgeschichtliche Distanz. Umgekehrt sind Übereinstimmungen zahlreicher Aminosäurepositionen Ausdruck gemeinsamen Ursprungs. So stimmt beispielsweise der lediglich auf der Basis von Vergleichen der Abweichungen der Aminosäuresequenz beim Cytochrom-c, einem Enzym der Zellatmung, errechnete Stammbaum auffallend mit den Stammbäumen überein, die auf der Basis von Fossilien oder morphologischen und physiologischen Vergleichen ermittelt wurden.
Geht man von der Überlegung aus, dass alle Homologien auf übereinstimmender Erbinformation beruhen, ist der direkte Vergleich der DNA die unmittelbarste Bestimmung des Verwandtschaftsgrades zwischen Lebewesen.
Je nach Anwendung werden mehr oder weniger lange DNA-Abschnitte untersucht. Mit Hilfe der Polymerasekettenreaktion können von einzelnen DNA-Molekülen Tausende Kopien hergestellt werden. Dies bietet die Möglichkeit, geringe DNA-Spuren aus Fossilien mit einzubeziehen und ermöglicht so den Vergleich von heute lebenden mit ausgestorbenen Lebewesen.
Die Analyse der Basensequenzen der DNA ergibt ein elektrophoretisches Bandenmuster, an dem die DNA-Basenabfolge direkt abgelesen werden kann. Da die Technik zur raschen Sequenzierung der DNA ständig verbessert wird, werden viele der heute noch strittigen Fragen der Homologienforschung in nicht allzu ferner Zukunft geklärt werden können.
Manche Gene, die bestimmte Ribonukleinsäuren codieren, haben eine sehr geringe Mutationsrate. Sie eignen sich daher für Untersuchungszeiträume, die mehrere 100 Millionen Jahre umfassen. Demgegenüber zeigt Mitochondrien-DNA eine sehr hohe Mutationsrate. Dies erklärt sich auch dadurch, dass den Mitochondrien DNA-Reparaturenzyme fehlen. Mitochondriale DNA ist daher vor allem für kurze Zeiträume von wenigen 10 000 Jahren von Interesse.
Gene evoluieren durch den Austausch einzelner Basen in der DNA, was Veränderungen der von ihnen codierten Aminosäuren in Proteinen nach sich zieht.

Die Zahl solcher Austausche je Zeiteinheit heißt Evolutionsrate. Sie ist für ein bestimmtes Protein oder Gen auch über sehr lange Zeiträume weitgehend konstant und kann daher als molekulare Uhr Aufschluss über phylogenetische Beziehungen der Lebewesen geben. Allerdings gibt es keine universelle molekulare Uhr, denn die Mutationsraten verschiedener Moleküle können sehr unterschiedlich sein.
Mithilfe genau datierter Fossilfunde wird eine molekulare Uhr geeicht. So beträgt die Evolutionsrate von Cytochrom-c bezogen auf 100 Aminosäuren im Molekül etwa einen Aminosäurenaustausch in 24 Millionen Jahren. Für den Blutfarbstoff Hämoglobin ermittelte man einen Austausch in sechs Millionen Jahren und für den Blutgerinnungsstoff Fibrin einen in 1,1 Millionen Jahren.

Cytochrom-c-Stammbaum. Die Längen der Verbindungsstrecken und die Zahlen geben die Abweichungen in der Aminosäurensequenz an.

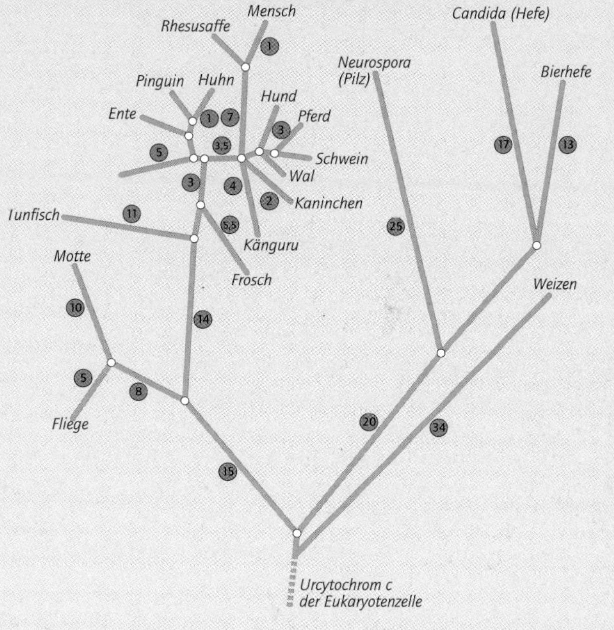

Cytochrom-c-Stammbaum. Die Längen der Verbindungsstrecken und die Zahlen geben die Abweichungen in der Aminosäurensequenz zwischen den Verzweigungspunkten an.

Der Eichung der molekularen Uhr des Cytochrom-c liegt folgende Überlegung zugrunde: Das Cytochrom-c von Säugern und Vögeln beispielsweise unterscheidet sich an elf bis zwölf Stellen. Die gemeinsamen Vorfahren dieser beiden Wirbeltiergruppen, die Reptilien, lebten vor etwa 280 Millionen Jahren. Daraus ergibt sich bei elf bis zwölf Austauschen in 280 Millionen Jahren eine Evolutionsrate von rund 24 Millionen Jahren. Von den Amphibien unterscheidet sich das Cytochrom-c der Säuger durch 17 Austausche. Die Trennung der Amphibien von der Entwicklungslinie Reptilien – Säugetiere erfolgte nach Fossilfunden vor 400 Millionen Jahren. Wiederum ergibt sich der etwa gleiche Zeitraum für den Austausch einer Aminosäure im Cytochrommolekül. ■

Die fünf Reiche der Lebewesen

Eine Möglichkeit, die Gesamtheit aller Lebewesen zu klassifizieren, ist die Einteilung in das sogenannte Fünf-Reiche-System. Dabei werden insbesondere zellbiologische und morphologische, verstärkt aber auch Kriterien der Biochemie und Genetik berücksichtigt. Das Reich der Prokaryoten, zu dem Archaeen (Archaebakterien), Blaualgen (Cyanobakterien) und Eubakterien gehören, umfasst einzellige Organismen mit kernlosen Protozyten, bei denen alle Formen der Energiegewinnung vorkommen.

Alle übrigen Lebewesen sind Eukaryoten mit kernhaltigen Euzyten. Die einzelligen oder koloniebildenden Eukaryoten fasst man mit den Rotalgen, Braunalgen und Grünalgen im Reich der Protista zusammen. Das Reich der Pilze (Mycobionta) umfasst heterotrophe Organismen mit Zellwänden aus Chitin, die saprophytisch, parasitisch oder symbiontisch leben. Zum Reich der Pflanzen (Plantae) zählen vielzellige Organismen, die zur Fotosynthese fähig sind. Das Reich der Tiere (Animalia) bilden die heterotrophen Vielzeller mit diploiden Körper- und haploiden Geschlechtszellen.

Nach neuesten genetischen Erkenntnissen wird nicht mehr davon ausgegangen, dass eine kleine Zelle ohne Zellkern der universelle gemeinsame Vorfahre aller Organismen sei. Vielmehr wird deutlich, dass an der Basis unter den frühen Lebewesen ein ausgiebiger Transfer verschiedenster Gene zwischen einzelligen Organismen stattgefunden hat. Damit stünde an der Basis eines **modifizierten Stammbaums des Lebens** eine Urgemeinschaft primitiver Zellen, die sich zunächst in Bakterien und Archaeen aufgespaltet haben. Aus einem Archaeen-ähnlichen Vorläufer entwickelten sich die Eukaryoten, die später Protobakterien und Cyanobakterien aufnahmen, die zu Mitochondrien beziehungsweise Chloroplasten wurden. Aufgrund einer Vielzahl weiterer Daten werden vielfach auch alle Lebewesen im sogenannten **Drei-Domänen-System** in die Domänen Archaea, Bacteria und Eukarya klassifiziert.

System Erde – Erdgeschichte und Biogeografie

Die Erde ist der einzige Planet unseres Sonnensystems, der über eine Atmosphäre und Ozeane verfügt. Beide sind Voraussetzung für vernetzte Stoffkreisläufe des Systems Erde zwischen Biosphäre, Atmosphäre, Lithosphäre und Ozeanen. Die frühe Biosphäre bewirkte Veränderungen im System Erde, die beispielsweise durch Bildung von freiem Sauerstoff seit etwa 2,6 Milliarden Jahren unsere heutigen Lebensbedingungen bereitstellten. Zugleich wirkte die Biosphäre über mehr als vier Milliarden Jahre hinweg als Stabilitätsfaktor, die den Verbleib der Erde im sogenannten vitalen Fenster unseres Sonnensystems ermöglichte, im Gegensatz zu unseren Nachbarplaneten Mars und Venus, die sich zwar zeitweilig in diesem vitalen Fenster befanden, dort aber nicht dauerhaft behaupten konnten. Im Verlauf einer mehr als vier Milliarden Jahre währenden Evolution entwickelte sich die heutige Organismenvielfalt. Dabei entwickelten sich aus frühen bewährten Bauplanprinzipien vielfältige Modifizierungen, die zu einer anhaltenden Diversitätszunahme in der Erdgeschichte führten. Weder die fossilen noch die lebenden Organismen sind in ihrer Vielfalt auch nur annähernd dokumentiert.

Die Biogeografie untersucht die räumliche Verteilung der rezenten Lebewesen unter Berücksichtigung stammesgeschichtlicher Entwicklungen. Sie erforscht die Prozesse der Separation, Isolation, Anpassung und Besetzung ökologischer Nischen. Das Verbreitungsmuster der heute lebenden Arten auf der Erde findet durch die Evolutionstheorie und die Theorie der Plattentektonik ihre Erklärung.

Heute lebende Quallen vermitteln einen Eindruck vom Leben in den Meeren der Vorzeit, lange bevor es Fische gab.

Kontinentaldrift

Forschungsergebnisse der Geologie zeigen, dass die heutige Lage der Kontinente erst im Verlauf von vielen Millionen Jahren entstanden ist.

Die Erde ist nicht aus einheitlichem Material aufgebaut, sondern besteht aus mehreren Schalen, die sich in ihren physikalischen und chemischen Eigenschaften unterscheiden. Der feste innere Erdkern ist von einem flüssigen äußeren Erdkern umgeben. In ihrer Frühzeit war die Erde ein einziger Ozean aus Gesteinsschmelze. Allmählich erstarrte diese Schmelze oberflächlich zu festem Gestein.

Diese Erstarrungshaut wirkt isolierend, sodass große Mengen an

Restwärme im Erdinneren erhalten blieben. Die Wärme des heißen Erdkerns quillt nach oben und löst dabei sogenannte Konvektionsströme im Erdmantel aus. Heißes Mantelmaterial steigt nach oben und fließt in gegensätzlicher Richtung seitlich wieder ab. Der Erdmantel ist aufgrund des hohen Drucks überwiegend fest, nur an seinem oberen Bereich ist er teilweise aufgeschmolzen.

Teile der darauf befindlichen Erdkruste werden durch die Bewegung auseinandergezogen. Dort wo zwei Krustenplatten aufeinandertreffen, zieht das kältere und schwerere Material eine Platte mit in die Tiefe. Die Kontinente sind Bestandteile solcher Lithosphärenplatten. Das Modell der Plattentektonik nimmt an, dass sich die Kontinente mit den Lithosphärenplatten bewegen. Ursache sind die Konvektionsströme des Erdmantels. Wo geschmolzene Materie aus dem Erdmantel austritt, werden die Platten auseinandergeschoben. Infolge der Plattenbewegung kommt es zu Erdbeben, brechen Vulkane aus, entstehen Gebirge und bilden sich Ozeane.

Im Erdaltertum vor etwa 250 Millionen Jahren gab es auf der Erde nur einen Kontinent, den Urkontinent Pangäa. Dieser zerbrach vor ungefähr 180 Millionen Jahren in eine nördliche und südliche Landmasse, die auseinanderdrifteten. Die anhaltende Verschiebung der Kontinente, die Kontinentaldrift, führte schließlich zur heutigen Verteilung der Kontinente, Inseln und Meere.

Tierwelten im Vergleich

Vergleicht man einzelne Kontinente der Erde, fällt auf, dass jeder seine besonderen Pflanzen- und Tierformen besitzt. Bei einem Vergleich der Fauna Afrikas mit der von Südamerika erkennt man, dass die entwicklungsgeschichtlich alten Tiergruppen der beiden Kontinente vielfach nahe miteinander verwandt sind. Das lässt sich damit erklären, dass beide Kontinente zum Zeitpunkt der Entwicklung dieser Gruppen noch eine zusammenhängende Landmasse waren. Nach ihrer Trennung verlief die Evolution der jüngeren Arten in beiden Kontinenten unabhängig, denn ein Genaustausch war nicht mehr möglich. Demgemäß stellt man zwischen den entwicklungsgeschichtlich jungen Tierarten Afrikas und Südamerikas keine direkten verwandtschaftlichen Beziehungen fest. Ähnlichkeiten zwischen ihnen beruhen in der Regel auf Konvergenz, also Anpassungsähnlichkeiten durch vergleichbare Lebensbedingungen. So führte die gleiche Ernährungsweise bei Nektar saugenden Vögeln wie den amerikanischen Kolibris, den australischen Honigfressern und den Nektarvögeln Afrikas und Südostasiens zu ähnlichen Lebensformtypen mit langem, spitzem Schnabel und einer zur Aufnahme flüssiger Nahrung spezialisierten Pinselzunge.

Die Nektarvögel sind in der Alten Welt die ökologischen Vertreter der amerikanischen Kolibris. Zur Nahrungsaufnahme mit ihrem langen Schnabel sitzen sie meist auf Zweigen, da sie im Flug nicht so lange auf der Stelle stehen können wie die Kolibris.

Das afrikanische Dromedar, das asiatische Trampeltier und das südamerikanische Lama haben mit dem Urkamel einen gemeinsamen Vorfahren. Die enge Verwandtschaft der Kamele zeigt sich beispielsweise daran, dass sie alle 74 Chromosomen im diploiden Chromosomensatz und als einzige Säugetiere ovale rote Blutkörperchen besitzen. Bei allen drei Arten leben im Fell parasitische Läuse, die sich außerordentlich ähnlich sehen.

Die unterschiedlichen Lebensbedingungen auf den drei Kontinenten führten zwar zum Merkmalswandel bei den Kamelarten, ihre Parasiten standen aber offenbar nicht unter einem entsprechenden Selektionsdruck. Da Parasiten in der Regel hoch wirtsspezifisch sind, lassen gleiche Parasiten bei verschiedenen Arten den Schluss auf gemeinsame Vorfahren und damit Verwandtschaft zu.

Endemiten

Lebewesen, die auf bestimmte Gebiete beschränkt sind, nennt man Endemiten. So gibt es beispielsweise Halbaffen oder Lemuren nur auf Madagaskar und den benachbarten Komoreninseln. Weitere Beispiele für eine Beschränkung einzelner Gruppen auf bestimmte geografische Gebiete sind die Darwinfinken von Galapagos, die Beuteltiere Australiens oder die altertümliche Pflanzenwelt der Kanarischen Inseln. Ihr eng begrenztes Vorkommen lässt sich nur auf der Grundlage der Evolutionstheorie widerspruchsfrei erklären.

Syn-Evolution

In der Jahrmillionen währenden Geschichte unseres Planeten herrschten fortwährend Wechselwirkungen zwischen der globalen Umwelt und den Lebewesen. Nicht nur die abiotische Umwelt wirkte entscheidend auf die

Evolution der Lebewesen ein, ebenso haben die Lebewesen die Erde als ihre Umwelt zum Bioplaneten umgestaltet. Während man unter Koevolution die Prozesse zwischen verschiedenartigen Lebewesen versteht, spricht man in diesem Fall von Syn-Evolution.

Auf der Ebene der Organismen spielt bei der Regelung von Stoffwechselprozessen die Sicherung von Fließgleichgewichten eine bedeutsame Rolle. Bei Tieren beispielsweise sorgen Nervensystem oder Hormonsystem zusätzlich für labile statische Gleichgewichte. In Ökosystemen kommt es zu Wechselwirkungen sowohl zwischen den Lebewesen wie zwischen belebter und unbelebter Umwelt. Dabei können die von Lebewesen ausgehenden Prozesse eine ebenso große Wirkung auf die nichtbelebte Umwelt haben wie umgekehrt. In die sauerstofffreie Uratmosphäre brachten Vulkane riesige Mengen Kohlenstoffdioxid. Durch den entstehenden Treibhauseffekt wurde die Erde zunehmend wärmer, günstige Bedingen für erste Lebewesen. Anaerobe Bakterien banden das

Syn-Evolution zum Bioplaneten Erde (li.) und von Lebewesen und Umwelt (S. 59).

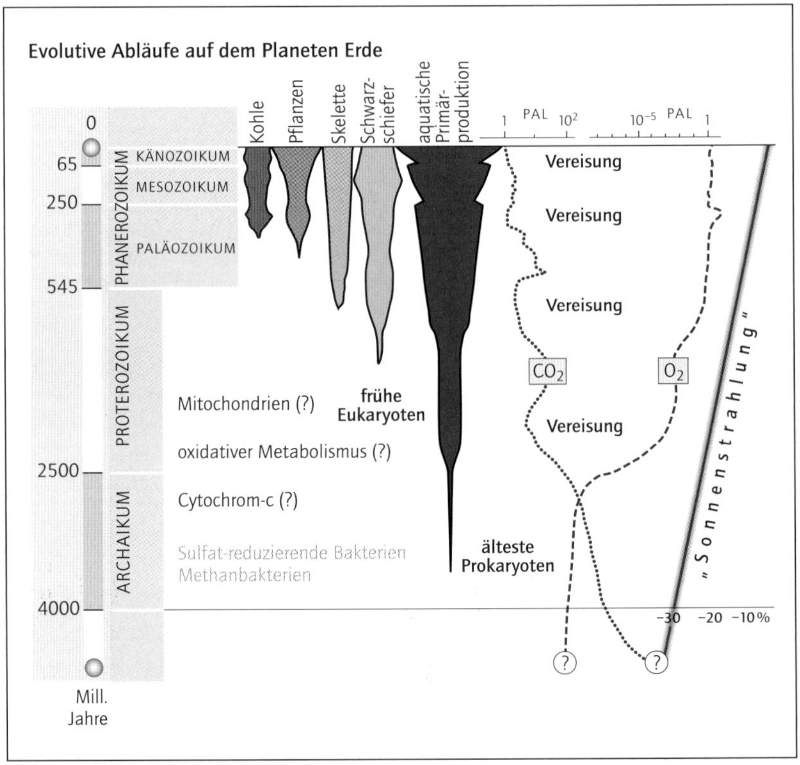

Kohlenstoffdioxid und lagerten es ab. Die Folge war eine globale Abkühlung vor etwa drei Milliarden Jahren. Nun traten Methanbakterien auf, die das Treibhausgas Methan in die Atmosphäre entließen. Eine halbe Milliarde Jahre später fällten Cyanobakterien Kalk aus, die Erde vereiste. Vor einer Milliarde Jahre wurde die Erde wieder so sauerstoffreich, dass wurmartige Vielzeller auftraten, die wiederum viel Kohlenstoffdioxid bildeten. Mit der kambrischen Radiation banden Kalkschalentiere das Kohlenstoffdioxid wiederum, und die Landpflanzen der Karbonwälder fossilisierten zu Kohle. Eine erneute Eiszeit vor 300 Millionen Jahren war die Folge. Mit dem Verschwinden der Wälder konnte die verbliebene Tundravegetation weniger Treibhausgas binden. Erneut trat eine Warmzeit auf, bevor Laubbäume und Kalkschalen bildendes Plankton die Erde wieder abkühlten.

Ein anderes Beispiel der Syn-Evolution zeigt die Entwicklung der Blütenpflanzen im Tertiär. Während Farne durchschnittlich nur etwa zwei

Syn-Evolution von Lebewesen und Umwelt

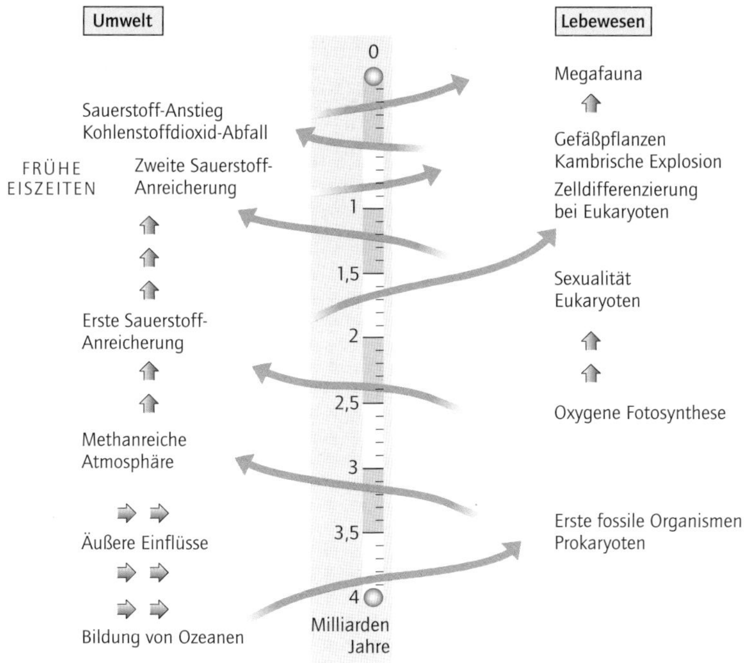

Millimeter Blattadern pro Quadratmillimeter Blattfläche besitzen, sind es bei Blütenpflanzen wie den Laubbäumen mit acht bis neun Millimeter etwa viermal mehr. Dadurch transpirieren die Wälder des tropischen Regenwaldes gewaltige Mengen Wasser in die Atmosphäre und sorgen dort für die hohe Luftfeuchtigkeit und den Regen. Die Evolution der höheren Blütenpflanzen war also entscheidend für die Bildung des feuchttropischen Klimas und ermöglichte dadurch die Ausbreitung der Regenwälder mit ihrer unermesslichen Artenfülle. Computermodelle zeigen, dass die Regenwälder des Amazonas um 80 Prozent schrumpfen würden, gäbe es die Laubbäume nicht mehr.

In einem gegenwärtig globalen Regelprozess beeinflussen möglicherweise marine Mikroalgen die Wolkenbildung über den Ozeanen und damit das Klima der Erde. Das von tropischen Algen an die Atmosphäre abgegebene Dimethylsulfid spielt eine Rolle als Kondensationskeim bei der Wolkenbildung. Die Wolkenbildung vermindert die Sonneneinstrahlung und damit die Temperatur auf der Erdoberfläche einschließlich der Ozeane, was wiederum die Produktivität der Meeresalgen beeinflusst. Somit liegt ein globaler Regelkreis zwischen Meeresalgen, Wolkenbildung und Temperatur auf der Erde vor.

Gesetzmäßigkeiten der Stammesgeschichte

Betrachtet man die Ergebnisse der Stammesgeschichte, lassen sich einige Regeln und Gesetzmäßigkeiten ableiten, doch ist deren Gültigkeit begrenzt, da sich Trends unter Umständen durch Zwänge der Umwelt abrupt ändern.

Im Verlauf der Stammesgeschichte kommt es zu einer Zunahme an Komplexität und genetischer Information, die meist als Höherentwicklung und evolutiver Fortschritt gewertet wird. Die Zahl der Arten nimmt zu, wenn auch immer wieder Arten aussterben, die an die jeweilige Umwelt weniger gut angepasst sind als komplexere Konkurrenten. Die Zunahme der Diversität wurde durch Anpassung an unbesetzte oder nicht ausgelastete ökologische Nischen verursacht. Die Auftrennung von Landmassen und breitenabhängige Klimaschwankungen schufen regionale Faunen und Floren und beschleunigten dadurch die Neubildung von Arten. Ebenso trug Koevolution zum Anstieg der Biodiversität bei.

Das Evolutionsgeschehen hängt vom Zusammenwirken zahlreicher Faktoren ab. Die für bestimmte Evolutionsschritte spezifische Kombi-

Fossile Embyronen im Mutterleib bezeugen, dass die Fischsaurier lebende Junge zur Welt brachten. Ihre Gliedmaßen waren zu schwach, um sie an Land zu tragen. Sie konnten daher nicht wie andere Reptilien Eier auf dem Festland ablegen, sondern mussten diese im Leib ausbrüten.

nation von Faktoren ist wegen der großen Zahl ein historisches Ereignis, das sich in dieser speziellen Form aller Wahrscheinlichkeit nach nicht wiederholen wird. Auch bei ähnlichen Selektionsbedingungen und sich daraus ergebenden ähnlichen Anpassungen ist Evolution ein irreversibles Geschehen. So ging beispielsweise die Säugetiergruppe der Wale sekundär zum Wasserleben zurück. Dabei haben sie aber nicht wieder, wie ihre Vorfahren, Kiemen entwickelt, sondern behielten die Lungenatmung ebenso bei wie die Versorgung des Embryos über die Plazenta.

Wahrscheinlich sind mehr als 99 Prozent aller jemals auf der Erde lebenden Arten wieder ausgestorben. Man unterscheidet dabei ein im Verlauf der Erdgeschichte mehr oder weniger gleichmäßiges Hintergrundaussterben von einzelnen kurzen Phasen des Massenaussterbens.

Alle Lebewesen sind das Ergebnis eines historischen Prozesses. Neuerungen sind stets abgewandelte Versionen älterer Strukturen. Dabei verlief die stammesgeschichtliche Entwicklung über zahllose Individualentwicklungen. Durch Änderungen des Erbguts, die sich in der jeweiligen Individualentwicklung realisieren, entstehen neue Formen, neue Stammlinien und schließlich neue Organisationstypen. Wenn auch in Fossilienreihen Trends wie beispielsweise die Größenzunahme bei vielen Säugetiergruppen oder die Reduktion der Zehenzahl bei den Pferdeartigen erkennbar sind, bedeutet dies nicht, dass eine von vornherein determinierte Makroevolution vorliegt. Vielmehr sind alle Organismen Ergebnis einer Vielzahl von Anpassungen an spezielle Selektionsbedingungen, eines nicht wiederholbaren, irreversiblen Geschehens, das sich in Gegenwart und Zukunft fortsetzt.

KATASTROPHEN DER ERDGESCHICHTE

Immer wieder im Laufe der Erdgeschichte lassen sich Massensterben belegen, bei denen in erdgeschichtlich kurzer Zeit ganze Gruppen aus dem System der Lebewesen gelöscht oder zumindest stark dezimiert wurden. Die Liste möglicher Ursachen reicht von der erdnahen Explosion einer Supernova, welche die Erde einer tödlichen Strahlung aussetzte, über Einschläge riesiger Meteoriten bis hin zu den Auswirkungen der Kontinentaldrift mit Veränderungen des Klimas und des Meeresspiegels. Auch lang anhaltende Vulkanausbrüche mit einhergehender Verringerung der Sonneneinstrahlung und Anreicherung von Kohlenstoffdioxid sowie wahlweise Klimaerwärmung oder eiszeitlicher Abkühlung werden diskutiert.

Zwar sind die genauen Ursachen und die zeitliche Dauer der verschiedenen großen Massensterben, die einen sprechen von fünf, die anderen von zehn, noch unbekannt, doch ist sicher, dass es anschließend jeweils zu einer beschleunigten und vermehrten Bildung neuer Arten kam. Denn weite Teile der Biosphäre der Erde waren nach einem Aussterbeereignis von Leben entblößt, und unter den wenigen überlebenden Arten herrschte kaum Konkurrenz. Rasch entstehen zahlreiche neue Formen, deren Grundbauplan durch ihre Vorfahren schon festgelegt war. Eigentlich müsste man eher von Wandel statt von Katastrophe reden.

Die beiden ersten Massensterben betreffen nur die Tierwelt des Meeres. Am Ende des Ordoviziums vor 438 Millionen Jahren sterben neben unzähligen Arten von Trilobiten vor allem altertümliche Schnecken und Armfüßer aus. Etwa 80 Millionen Jahre später, in der sogenannten Devonkrise, gingen riesige Korallenriffe zugrunde.

Das größte Massensterben in der Erdgeschichte fand am Ende des Perms vor 251 Millionen Jahren statt. Diese letzte Epoche des Erdaltertums war bis dahin äußerst reich an Pflanzen- und Tierarten. Innerhalb einer sehr kurzen Zeit von weniger als einer Million Jahren starben mehr als 85 Prozent aller Arten von Meereslebewesen und mindestens 70 Prozent der Landwirbeltiere aus. Zu den Opfern zählten viele Ammoniten- und Seelilienarten und nahezu sämtliche Korallen. Mit dem Verschwinden der meisten Planktonarten, die am Anfang der marinen Nahrungskette stehen, war auch das Schicksal vieler Fischarten besiegelt. Verursacht wurde dieser schnelle Wandel am Übergang zur Trias durch starke Klimaänderungen, die auf umfangreiche Vulkanausbrüche in Sibirien und vielleicht zusätzlich durch den Einschlag eines riesigen Meteoriten zurückzuführen sind. Der gewaltige Schnitt am Ende des Erdaltertums ermöglichte die Blütezeit der Reptilien, die mit den Dinosauriern ihren Höhepunkt erreicht.

Weitere vorübergehende Krisen des Lebens treten vor 213 Millionen Jahre am Ende der Trias und schließlich gegen Ende der Kreidezeit auf. Vor 65 Millionen Jahren erreichte ein riesiger Meteorit die Erde. Manche Forscher meinen nun, dass dieser Impakt des Meteoriten auf der mexikanischen Halbinsel Yucatán zum Aussterben der Dinosaurier beigetragen hat.

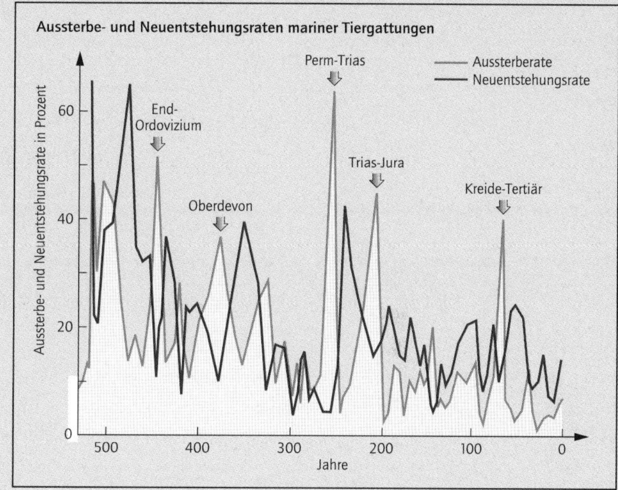

Aussterbe- und Neuentstehungsraten mariner Tiergattungen während des Phanerozoikums.

Der Erdball versank in einer viele Monate andauernden Dämmerung, die mit einer starken Abkühlung einherging. Den Algen im Meer und den Pflanzen des Festlandes mangelt es an Sonnenlicht. Sie sterben ab, und mit ihnen verschwinden auch die Dinosaurier und die tintenfischartigen Ammoniten. Innerhalb weniger Jahrmillionen nehmen nun die Säugetiere und die Vögel die von den Kriechtieren geräumten ökologischen Nischen ein.

Fast 15 Millionen Jahre ist es her, dass ein Meteorit sich durch die Juraschichten der Alb hindurch bis tief ins darunterliegende Grundgebirge aus Granit und Gneis eingebohrt hat. Eine gigantische, überschallschnelle Druckwelle tötete alles Leben im Umkreis von mehreren Hundert Kilometern. Zurück blieb ein 24 Kilometer großer Einschlagskrater, das Nördlinger Ries, das heute an der Grenze zwischen Baden-Württemberg und Bayern die Schwäbische von der Fränkischen Alb trennt. In nur 40 Kilometer Entfernung schlug ein zweiter, kleinerer Meteorit ein. Das Loch, das er zurückließ, ist heute das Steinheimer Becken.

Den Zeugnissen dieser Katastrophen kann man heute noch nachspüren, sei es im Rieskrater-Museum in Nördlingen oder in den zahlreichen Steinbrüchen am Riesrand und im Steinheimer Becken. ■

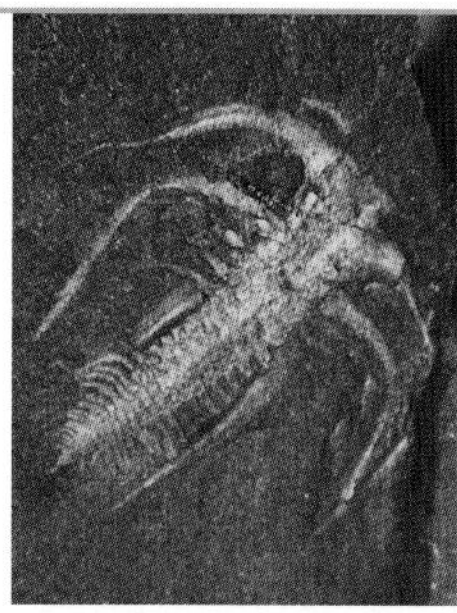

Oben: Zu den häufigsten Fossilien aus den Burgess-Schiefern gehört Marella, was vermuten lässt, dass diese Form besonders erfolgreich war.

Ursprung und Entfaltung des Lebens – das Entstehen der biologischen Vielfalt

Wie die Geschichte des Lebens geschrieben werden kann, ist im Wesentlichen vom Erhaltungszustand und der Vollständigkeit der Zeitzeugen abhängig. Die ältesten Lebensspuren stammen von bis zu drei Milliarden Jahre alten Prokaryoten. Seit es gelingt, das Erbgut als Archiv der Stammesgeschichte zu lesen, lässt sich deren Verlauf auch durch phylogenetische Merkmalsanalyse erschließen.

Kosmische und physikalische Evolution

Zum Zeitpunkt Null vor etwa 13 bis 15 Milliarden Jahren war der Urzustand des Universums unendlich heiß und dicht. Raum, Zeit und Materie sind als Anomalie im Nichts auf einen winzig kleinen Punkt zusammengepresst. Neueste Forschungen gehen davon aus, dass vor 13,7 Milliarden Jahren in einer gigantischen Explosion die gesamte zusammengeballte kosmische Energie auseinanderflog. Hauptargumente für diesen als Urknall bezeichneten Vorgang sind die beobachtbare anhaltende Expansion des Weltalls und die gewissermaßen als Nachglühen nachweisbare Hintergrundstrahlung, die den Kosmos erfüllt.

In den dramatischen ersten fünf Minuten nach dem Urknall entstanden aus den fundamentalen Bausteinen der Materie, den Quarks, Elementarteilchen wie Protonen und Neutronen, die schließlich zu ersten Atomkernen verschmolzen. Nachdem nach etwa drei Minuten die Temperatur auf eine Milliarde Grad Celsius gesunken war, bestand das Weltall zu 76 Prozent aus Wasserstoff- und zu 24 Prozent aus Heliumatomen. Die Atome verdichteten sich unter dem Einfluss der Gravita-

Links: Durch die Fotosynthese nimmt seit 2,7 Milliarden Jahren der Sauerstoffgehalt der Atmosphäre zu. Die urtümlichen Halobakterien verwendeten zur Absorption der Lichtenergie einen anderen Farbstoff als Chlorophyll, wie diese bei Ebbe trocken gefallenen Grün- und Braunalgen.

Die Urknall-Theorie vom Ursprung des Universums und seiner weiteren Entwicklung gilt als **Standardmodell der Kosmologie**. Wesentlich ist dabei die Aussage, dass das Weltall einen zeitlichen Anfang besitzt, expandiert und immer weitere Entwicklungen durchläuft. Ohne die uranfängliche Ausdehnung des Alls und der danach einsetzenden Abkühlung gäbe es keine Galaxien, Sterne oder Planeten und ebenso wenig wäre Leben möglich geworden. Auf Fragen nach dem »Davor« gibt es keine Antworten und sind unsinnig, vergleichbar einer Frage »Was war mit mir vor meiner Zeugung?«.

tion zu ersten Sternen. Anfangs noch unmerkliche, zufällige Schwankungen in der Verteilung der Teilchen führten dazu, dass Bereiche mit größerer Dichte durch die Gravitationskraft Partikel aus der Umgebung anzogen. So entstanden schließlich Gaswolken, daraus Sterne und letztendlich ganze Galaxien, riesige rotierende Sternenhaufen.

Die überwiegende Zahl der Sterne ist im Frühstadium des Universums vor zehn Milliarden Jahren aus einem Staub-Gas-Gemisch entstanden. Dieses Gemisch erfüllt auch heute noch den Raum zwischen den Sternen und besteht hauptsächlich aus Wasserstoff und Helium und in geringem Maße aus schwereren Elementen bzw. Verbindungen von Wasserstoff, Kohlenstoff, Stickstoff und Sauerstoff.

Entstehung der Erde

Unser Sonnensystem begann sich vor 4,6 Milliarden zu entwickeln. Um die Ursonne rotierten Massen kosmischen Staubs, die sich zu Planeten verdichteten. So entstand vor etwa 4,5 Milliarden Jahre auch die Erde. Heute ist der Aufbau der Erde durch einen Schalenbau gekennzeichnet, wobei sich die verschiedenen Schalen in ihren physikalischen und chemischen Eigenschaften unterscheiden. Der feste innere Erdkern ist von einem flüssigen äußeren Erdkern umgeben. Der hauptsächlich aus Eisen und Nickel bestehende Erdkern wird vom weniger dichten Erdmantel umhüllt, auf dem wiederum ganz außen die Erdkruste schwimmt. Die Erdkruste lässt sich aufgrund der Unterschiede in Dichte, Gesteinsinhalt und Mächtigkeit in die ozeanische und kontinentale Erdkruste untergliedern. Die ozeanische Kruste bildet den Meeresboden. Sie ist 4,8 bis 11,3 Kilometer dick und besteht aus magnesium- und eisenreichen magmatischen Gesteinen. Die kontinentale Kruste ist 9,7 bis 72,4 Kilometer dick. Sie bildet das Festland. Ihre Gesteine, die viel Feldspat und Silikate enthalten, haben eine geringere Dichte als die Gesteine des Meeresgrundes. Der obere Teil des Erdmantels, die Asthenosphäre, ist in geringen Teilen geschmolzen und verhält sich zähflüssig. Darüber liegt der oberste feste Teil des Erdmantels. Zusammen mit der festen Erdkruste bildet er die Lithosphäre, die Gesteinsschale der Erde, die zwischen 70 und 150 Kilometer dick ist. Im Übergangsbereich zwischen Erdkruste und Atmosphäre befindet sich Biosphäre, die alles Leben der Erde umfasst.

Der Vorgang der Stoffsonderung, der sich schon in den ersten 50 Millionen Jahren der jungen Erde abspielte, setzte ein Aufschmelzen weiter Bereiche des Planeten sowie mächtige Konvektionsströme voraus. Die dafür notwendigen Temperaturen entwickelten sich aus der Umwandlung der Gravitations- in Wärmeenergie. Der Zerfall kurzlebiger radioaktiver Isotope heizte die Erde zudem auf. Aus dem im Werden begriffenen Sonnensystem schlugen ständig große Materiebrocken, die sogenannten Planetesimale, ein und setzten ebenso ungeheure Mengen an Energien frei.

Die Uratmosphäre

Die von der Oberfläche her allmählich einsetzende Abkühlung führte vor rund 4,4 Milliarden Jahren zur Entstehung einer festen Erdkruste. Mit dem Aufschmelzungsprozess in der Frühzeit der Erde war eine erste Entgasung verbunden. Die Ausgasungen von Gesteinsaufschmelzungen, die denen heutiger Vulkane geähnelt haben dürften, veränderten die ur-

Die Landschaft des Haleakala-Kraters auf der Hawaii-Insel Maui bietet ein ähnliches Bild wie die Erde nach ihrer Entstehung vor 4,6 Milliarden Jahren.

sprüngliche, vorwiegend aus Methan und Ammoniak bestehende Uratmosphäre. Als sich der untere Teil der Uratmosphäre vor 4,2 Milliarden Jahren auf Temperaturen unter 100 °C abgekühlt hatte, kondensierte der größte Teil des Wasserdampfs zu flüssigem Wasser, das sich im Urozean sammelte. Es bildete sich eine zweite Uratmosphäre, die im Wesentlichen aus Wasserdampf, Kohlenstoffdioxid, Methan (CH_4), Ammoniak (NH_3), Schwefelwasserstoff (H_2S), Stickstoff und wenig Wasserstoff bestand. Ein großer Teil des Kohlenstoffdioxids aus der Gashülle löste sich in den frühen Ozeanen und bildete am Meeresboden gewaltige Karbonatablagerungen. Die Atmosphäre war zu diesem Zeitpunkt praktisch sauerstofffrei und wird daher als reduzierende Atmosphäre bezeichnet. Aus heutiger Sicht war diese Atmosphäre hoch giftig und damit äußerst lebensfeindlich.

Ohne freien Sauerstoff konnte sich auch kein Ozon (O_3) bilden, das in der gegenwärtigen Atmosphäre in höheren Schichten kurzwellige UV-Strahlung absorbiert. Folglich gelangten UV-Strahlen ungehindert auf die Erde und lieferten Energie für chemische Reaktionen zwischen den vorhandenen Stoffen. Weitere Energiequellen waren elektrische Funkenentladungen bei Gewittern, vulkanische Hitze und radioaktive Strahlung.

Aus anorganischen Stoffen entstanden organische Verbindungen, die sich am Meeresboden oder in porösem Vulkangestein ansammeln konnten. Diese Lösung aus Salzen und organischen Stoffen wird vielfach als Ursuppe bezeichnet.

Vor rund drei Milliarden Jahren setzte mit der Entwicklung des Lebens erneut ein tiefgreifender Wandel der Atmosphäre ein: Der durch die Fotosynthese gebildete Sauerstoff führte zur Zunahme des Sauerstoffgehalts der Atmosphäre. Die Gasverteilung der heutigen dritten Atmosphäre liegt bei etwa 78 Prozent Stickstoff und 21 Prozent Sauerstoff.

Naturwissenschaft und Mythos

Die Frage nach dem Beginn unseres Universums beantwortet Einstein in seiner Allgemeinen Relativitätstheorie auf scheinbar einfache Art: »Der Urknall war die singuläre Schöpfung von Materie, Zeit und Energie.« Diese Antwort ist für viele unbefriedigend und zeigt zugleich die Grenzen naturwissenschaftlicher Erfahrung. Was war vorher und welche Bedeutung hat die grandiose Entwicklung des Universums? Dazu kann und will die Physik innerhalb der Naturwissenschaft keine Aussagen machen. Sicher ist, dass das Leben auf der Erde nicht entstanden wäre, wären die physikalischen Gesetze nur ein klein wenig anders, als sie tatsächlich sind. Das Wunder des Weltalls und die Faszination des Lebens wird aber auch den Naturwissenschaftler zu Fragen über Zweck und Ziel anregen. Er darf die Entstehung des Kosmos bis hin zum Menschen als Schöpfungsakt eines göttlichen Wesens interpretieren, ohne dass ihn naturwissenschaftliche Ergebnisse daran hindern. Dann aber ist er im Bereich der Werte und des Glaubens, wo er schließlich seine Unkenntnis eingestehen muss.

Schöpfungsmythen über die Erschaffung der Welt hat jedes Volk der Erde. Bei den alten Ägyptern erschafft Osiris zunächst sich selbst und dann alles Übrige, einschließlich Götter und Menschen. Afrikanische Schöpfungsmythen gibt es afrikanischer Stammesvielfalt entsprechend in großer Zahl. So gilt im Süden Äthiopiens die Erde als Frau des Himmels, beide zusammen erschaffen alles. Gott zeugt, indem er auf der Erde liegt und die Erde gebiert.

Ein Anfang aus dem Chaos »einer Erde, die wüst und leer« ist, steht im Alten Testament der Bibel, aber auch bei den altaischen Völkern Zentralasiens erschafft der Gott Ulgen die Welt aus einem wirren Durcheinander, ebenso wie der Gott Alantagana bei den Konos in Guinea.

In der Veda, wörtlich »Wissenschaft«, der Sammlung der ältesten religiösen Texte Indiens, steht geschrieben, dass die Veden seit Ewigkeit existieren. Dabei fragen die Texte mehr nach dem Ursprung der Welt, als dass sie darüber Auskunft geben.

Ginnungagap, die gähnende Leere, nichts als ein ungeheurer, finsterer Abgrund, weder Erde, Meer noch Himmel, ist, bevor nach dem germanischen Schöpfungsmythos der allmächtige Allvater Fimbultyr die Erde erschafft. Im Norden entsteht das Nebelreich Nifelheim und im Süden Muspelheim, das Reich des Feuers. Dessen Herr, Surtur, lässt Funken über den gähnenden Abgrund nach Nifelheim sprühen, um dort eine neue Welt zu erschaffen.

Im Popol Vuh, dem Buch der Maya über den Beginn der Welt, treffen sich Tepeu und Gucumátz und beschließen, die Erde zu schaffen, was augenblicklich geschieht.

Dies sind nur wenige Beispiele, wie die Frage nach dem Ursprung die Menschen seit jeher beschäftigten und welche Antworten sie darauf geben.

Der Ursprung des Lebens – chemische und biochemische Evolution

Leben ist über eine Folge von Evolutionsschritten durch Selbstorganisation von Molekülen und Molekülkomplexen entstanden. Dem vorausgegangen war eine lange Phase der chemischen Evolution, in der wichtige organische Ausgangsmoleküle durch Einwirkung verschiedener Energieformen auf die Bestandteile der frühen Atmosphäre gebildet wurden. Diese Vorstellung gilt bis heute als sehr wahrscheinlich. Über die einzelnen Evolutionsschritte von präbiotischen Molekülen zu frühen Lebensformen gibt es jedoch viele, zum Teil widersprüchliche Hypothesen.

Damit sich aus abiotischen Stoffen lebende Systeme entwickeln konnten, musste eine Reihe von Bedingungen erfüllt sein. Die vier Substanzklassen Aminosäuren, Zucker, Nukleobasen und Fettsäuren sind notwendige Biomoleküle. Ein einfacher Stoffwechsel braucht einen abgegrenzten Raum geeigneter Größe, dessen Umgrenzung kleinere Nährstoffmoleküle und Abfallprodukte des Stoffwechsels durchlässt. Wichtige Biomoleküle müssen anhand von Informationsträgern in einem vererbungsähnlichen Mechanismus chemisch vermehrt werden.

Einer der ältesten, mit bloßem Auge erkennbaren Eukaryoten aus dem letzten Abschnitt des Präkambriums, dem Vendium. Spiriggina floundersi aus den Flinders Ranges in Südaustralien gehörte zu den ersten höher organisierten Lebewesen, die sichtbar Spuren im Gestein hinterlassen haben. Dieser Vertreter der Ediacara-Fauna hat Ähnlichkeiten mit einem Trilobiten.

Simulationsexperimente

Bis heute ist es nicht gelungen, experimentell Lebewesen zu erzeugen. Theorien über die Entstehung der ersten einfachen lebenden Strukturen

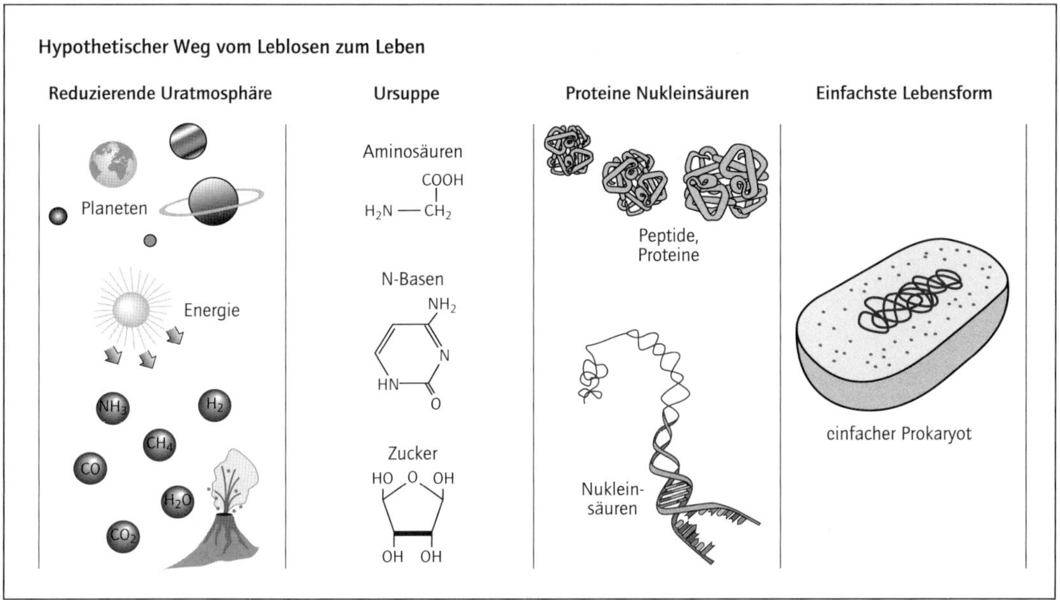

beruhen daher auf Rückschlüssen aus unserem biochemischen Wissen und der Rekonstruktion der Bedingungen auf der jungen Erde.

Hypothetischer Weg vom Leblosen zum Leben.

In den 1920er-Jahren stellten Alexander I. Oparin und John B. Haldane die Hypothese auf, unter den spezifischen Bedingungen auf der frühen Erde seien organische Verbindungen aus anorganischen Vorstufen, die in der Uratmosphäre und im Urmeer vorhanden waren, synthetisiert worden.

1953 testete Stanley Miller die Hypothese, indem er in einer Versuchsapparatur Bedingungen schuf, die denen auf der Urerde ähnlich waren: Ein Gasgemisch aus Wasserdampf, Wasserstoff, Methan und Ammoniak wurde mehrere Tage elektrischen Funkenentladungen ausgesetzt, die Blitze simulierten. In dem entstandenen Produktgemisch fand Miller zahlreiche organische Verbindungen wie Formaldehyd, Ameisensäure, Milchsäure und Aminosäuren. In weiteren Simulationsexperimenten mit Zugabe anderer anorganischer Stoffe wie Schwefelwasserstoff und Phosphat wurden schließlich alle 20 Aminosäuren gebildet, die man in Proteinen findet. Daneben entstanden Zucker, Fette, die Basen der Nukleotide und ATP. Die als Bausteine des Lebens notwendigen organischen Stoffe konnten offenbar durch chemische Evolution abiogen, also ohne Lebewesen entstehen und sich in einer »Ursuppe« ansammeln.

Membranbildung und Entstehung des genetischen Apparates

Sidney Fox erhitzte Aminosäure-Gemische zusammen mit porösem Lavagestein. Es bildeten sich eiweißartige, als Proteinoide bezeichnete Verbindungen, die sich beim Abkühlen zu kugelförmigen Gebilden anordneten, sogenannten Mikrosphären. Die Mikrosphären haben einen Durchmesser von etwa 2,5 Mikrometer und sind von einer Membran umgrenzt, die nur für bestimmte Stoffe durchlässig ist. Durch Stoffaufnahme durch die selektiv permeable Membran können Mikrosphären wachsen und sich durch Knospung vermehren.

Da ihnen aber ein Informationsträger fehlt, kommt es nicht zu einer identischen Reduplikation.

Von besonderer Problematik scheint die Bildung des genetischen Apparats mit Nukleinsäuren als Informationsträger. Als ein Gesetz des Lebens gilt heute, dass in der lebenden Zelle Nukleinsäuren nicht ohne Eiweiße und Eiweiße nicht ohne Nukleinsäuren entstehen können. Was war nun zuerst da? Die Lösung dieses klassischen »Henne-Ei-Problems« könnte darin liegen, dass sich in der Tiefe des Urozeans aus Einzelbausteinen entstandene Nukleinsäuren und Eiweiße gemeinsam ablagern. Die einen fungieren als Informationsträger, die anderen wirken als Biokatalysatoren. Durch das Zusammenwirken beider Molekülarten entstehen schließlich die ersten lebenden Systeme.

Eine anhaltende Vermehrung solcher Systeme ist nur möglich, wenn die chemischen Prozesse fortlaufend mit Energie versorgt werden. Als Energiequelle ist auf der Früherde die Bildung von Pyrit denkbar. Pyrit, auch unter dem Namen »Katzengold« bekannt, ist eine Verbindung aus Eisen und Schwefel. Das harte und glänzende Material kommt in erdgeschichtlich alten Gesteinen häufig vor. Es entsteht unter sauerstofffreien Bedingungen aus Eisensulfid und Schwefelwasserstoff, wobei Energie freigesetzt wird.

RNA-Welt und molekulare Kooperation

Gibt man zu einer Lösung aus Nukleotiden einen RNA-Strang, kopieren sich an dieser Matrize kurze komplementäre Stränge. RNA-Moleküle können aber auch als Biokatalysatoren wirken. Als Ribozyme sind sie in vielen Zellen an der Synthese von RNA beteiligt sind. RNA-Moleküle können somit zugleich Informationsträger und Katalysatoren sein. Damit sind RNA-Moleküle in der Lage, sich vollständig selbst zu replizieren. Der »DNA-Welt« könnte also eine »RNA-Welt« vorausgegangen sein.

Ein RNA-Strang fördert seine eigene Replikation, wenn er Aminosäuren zu einem Polypeptid vereinigt, das seinerseits als Enzym die Replikation des RNA-Stranges katalysiert. Veränderungen in der Polypeptidkette können den autokatalytischen Prozess beeinflussen. Dieses Zusammenwirken von Nukleinsäuren und Polypeptidketten nannte Manfred Eigen einen Hyperzyklus. Er könnte Ursprung der Translation, der Realisierung der Erbinformation im Stoffwechselgeschehen gewesen sein. Wird ein solcher Hyperzyklus von einer Membran umschlossen, liegt eine einfachste Lebensform, ein Protobiont vor.

Schwarze Raucher oder kaltes Eis?

Auch weitere Hypothesen über die Bildung von Biomolekülen und erste Lebensformen werden diskutiert. In Poren und Hohlräumen schornsteinförmiger, heißer Tiefseequellen, sogenannter Schwarze Raucher, könnten sich Biomoleküle und einfachste Lebensformen gebildet haben. Hier reagieren Schwefelwasserstoff (H_2S) und Eisensulfid (FeS) unter Energiefreisetzung zu Pyrit (FeS_2) und Wasserstoff. Im Experiment lässt sich zeigen, dass in einem 100 °C heißen Gemisch aus H_2O, CO_2, FeS_2, NiS_2 und H_2S Aminosäuren und kurzkettige Peptidmoleküle entstehen. Da jedoch zum Aufbau langer Molekülketten viel Zeit nötig ist, gehen andere Hypothesen davon aus, dass das Leben in winzigen, mit Salzlösungen gefüllten Kammern im gefrorenen Meereis oder an mineralischen Oberflächen entstand.

Nach der Panspermie-Hypothese gelangte frühes Leben durch Meteoriten auf die Erde. Sicher ist, dass viele organische Stoffe auf kosmischen Kleinstkörpern wie diesen Eisenmeteoriten die Erde erreichten.

Wie die chemische Evolution abgelaufen sein könnte, beschreiben diese verschiedenen Hypothesen und Theorien. Wie sie tatsächlich abgelaufen ist, bleibt bis heute unklar. Beginnt die Evolution in einer Ursuppe oder an festen Oberflächen? Liefern hydrothermale Quellen die Energie für die frühen Lebensprozesse, oder dient Pyritbildung als Energiequelle? Entstanden die ersten organischen Moleküle überhaupt auf der Erde, oder

1906 postulierte Svante Arrhenius in seiner **Panspermie-Hypothese**, Leben sei durch Meteorite auf die Erde gelangt. Inzwischen wurde nachgewiesen, dass sich in interstellaren Wolken komplexe organische Moleküle bilden, die teilweise denen in Lebewesen ähneln. Aus auf der Erde niedergegangenen Meteoriten konnten organische Moleküle isoliert werden. Welche Bedeutung dies aber für die Entstehung des Lebens auf der Erde hatte, ist weitgehend unklar.

kamen sie mit Kometen aus dem All? Schließlich bilden sich in interstellaren Wolken komplexe organische Moleküle zuhauf. Ob wir jemals eine gültige Antwort erhalten, bleibt fraglich.

Zwar kann es Leben auf anderen Planeten unseres Sonnensystems aufgrund der physikalischen Bedingungen so gut wie nicht geben, doch ohne in abwegige Spekulationen zu verfallen, muss man ernsthaft damit rechnen, dass es im Weltall noch mehr Planeten gibt, auf denen Leben möglich ist. Denn allein in unserem Spiralnebelsystem, der Milchstrasse, gibt es mehr als 100 Milliarden Fixsterne. Bei mehreren Milliarden Milchstraßen, von denen die meisten Astronomen ausgehen, ergibt sich eine riesige Zahl von Sonnen, von denen sicherlich viele ein Planetensystem besitzen. Selbst bei vorsichtiger Schätzung gibt es demnach Millionen von Sternen, die sich in einem Zustand befinden, der unserer Erde ähnlich sein dürfte. Doch selbst wenn sich irgendwo im unendlichen Universum etwas der menschlichen Intelligenz Vergleichbares entwickelt haben sollte, ist die Chance, dass wir in Austausch treten können, so gut wie nicht vorhanden.

Die frühe biologische Evolution

Die ersten Vorläufer von Lebewesen, die Protobionten, müssen Eigenschaften besessen haben, wie sie nur bei lebenden Systemen vorkommen: Stoffwechsel, Wachstum, Selbstregulation, Reproduktion und Vererbung einschließlich Mutationen. Im Urozean stand ihnen ausreichend organische Substanz als Energieträger für eine heterotrophe Energiegewinnung zur Verfügung. Diese musste anaerob verlaufen, da kein freier Sauerstoff zur Verfügung stand.

Evolution des Energiestoffwechsels

Eine Verknappung der organischen Stoffe führte zur autotrophen Lebensweise, zunächst in Form der Chemosynthese und nach der Entwicklung Licht absorbierender Pigmente durch Fotosynthese. Die Fotosynthese ist heute der grundlegende Stoffwechselprozess, von dem alles pflanzliche, tierische und menschliche Leben abhängt. Grüne Pflanzen nutzen dabei für ihre autotrophe Ernährung das Sonnenlicht als Energiequelle und bauen aus dem Kohlenstoffdioxid der Luft und Wasser Glukose als organischen Stoff auf. Aus den Glukosemolekülen wird meist Stärke als energiereicher Vorratsstoff aufgebaut und gespeichert.

Der durch die Fotosynthese freigesetzte Sauerstoff wurde anfangs von Eisenionen als Eisenoxid gebunden, entwich dann aber nach und nach auch in die Atmosphäre. Dadurch entstand die heutige sauerstoffhaltige Atmosphäre. Dies verursachte eine weltweite Katastrophe, weil freier Sauerstoff für die damaligen Bakterien ein tödliches Gift war.

Der Luftsauerstoff aber war Voraussetzung dafür, dass vor mehr 1,5 Milliarden Jahren andere Prokaryoten mit aerobem Stoffwechsel entstehen konnten. Diese Lebewesen bauen energiereiche Stoffe zur Energiefreisetzung unter Verwendung von Sauerstoff ab. Man spricht von Zellatmung.

Grüne Pflanzen nutzen für ihre autotrophe Ernährung das Sonnenlicht als Energiequelle, um organische Substanzen aufzubauen. Heterotrophe Lebewesen erhalten ihre Energie durch Umsetzung organischer Stoffe aus der Nahrung. Der biochemische Abbau eines energiereichen Stoffes zur Energiefreisetzung wird als Dissimilation bezeichnet.
Die aneorobe Form der Energiegewinnung ohne Beteiligung von Sauerstoff mit relativ energiereichen Endprodukten heißt **Gärung**. Bei der alkoholischen Gärung durch Hefepilze entsteht aus der Brenztraubensäure nach Abspaltung von Kohlenstoffdioxid Ethanol. Bei der Milchsäuregärung durch Milchsäurebakterien entsteht Milchsäure. Bei der aeroben Energiegewinnung, der **Zellatmung**, wird mehr Energie freigesetzt, entsprechend energieärmer sind die Endprodukte Kohlenstoffdioxid und Wasser. Zellatmung findet in den Zellen teils im Zytoplasma, teils in den Mitochondrien statt.

Entstehung der Euzyte – die Endosymbiontentheorie

Prokaryoten besitzen die am einfachsten gebauten Zellen. Man unterscheidet dabei die echten Bakterien oder Eubakterien von den Archaebakterien oder Archaeen. Zu den echten Bakterien zählen auch die Cyanobakterien oder Blaualgen, von denen mit den über 3,1 Milliarden Jahre alten Stromatolithen die ältesten prokaryotischen Fossilien überhaupt bekannt sind. Viele Archaeen kommen heute in Lebensräumen mit extremen Bedingungen, wie Salzseen, Faulschlämmen oder heißen vulkanischen Quellen vor.

Die ältesten Eukaryoten traten vor etwa 2,1 Milliarden Jahren auf, wobei Übergangsformen von der Protozyte zur Euzyte fehlen. Eine Antwort

Entstehung der Euzyten: Der Stammbaum der Lebewesen nach dem Drei-Domänen-System drückt aus, dass in einer frühen Urgemeinschaft von Eobionten ein Austausch von genetischem Material durch Symbiose möglich war (o.); Zellevolution nach der Endosymbiontentheorie (u.).

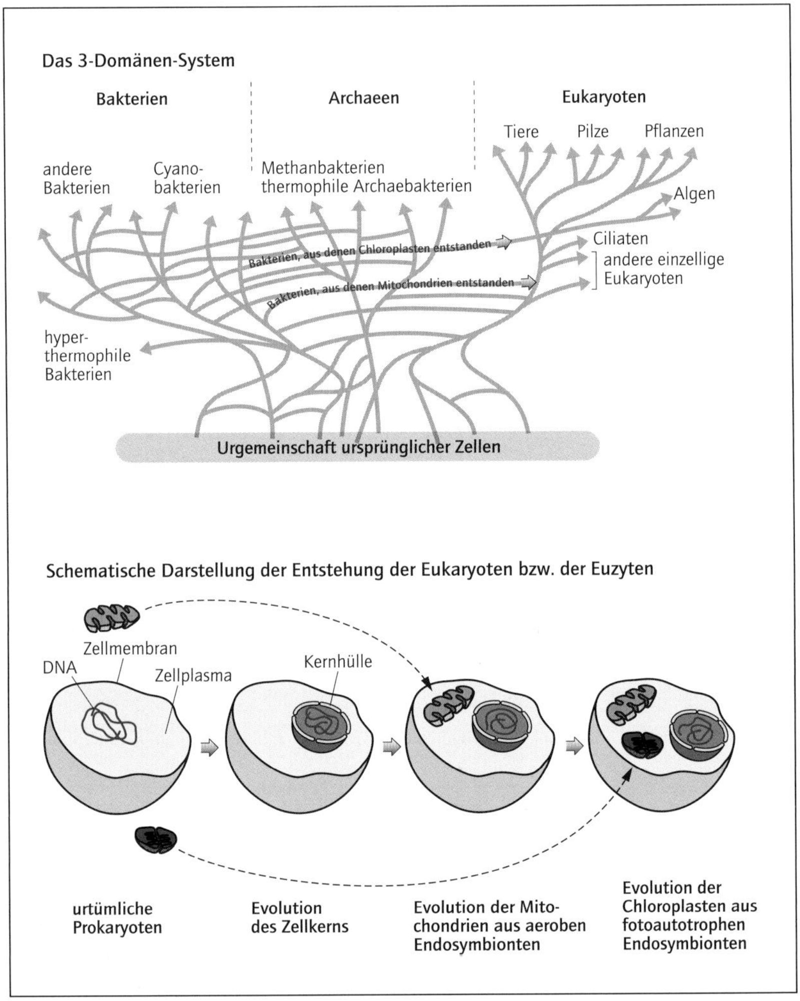

auf die Frage, wie die ersten viel komplexer gebauten Euzyten aus Protozyten entstanden sind, gibt die Endosymbiontentheorie. Danach haben einfache Protozyten aerobe und fotosynthetisch aktive Protozyten als Endosymbionten aufgenommen. Die Euzyte ist also durch Vereinigung funktionell verschiedener Zellen entstanden.

Für die Endosymbiontentheorie sprechen zahlreiche Indizien. So stimmen Protozyten und Euzyten in vielen Merkmalen wie beispielsweise in der einheitlichen Verschlüsselung ihres Erbmaterials und der Proteinbiosynthese überein. Plastiden und Mitochondrien entstehen nur aus ihresgleichen durch Teilung. Beide Organellen besitzen wie die Prokaryoten ringförmige, nackte DNA und eigene Ribosomen, die sich im Bau von den Ribosomen im Zellplasma unterscheiden. Die Proteine der inneren Mitochondrienmembran werden von der Mitochondrien-DNA codiert, die der äußeren Membran von der DNA des Zellkerns der Euzyten.

Die Sukzessivhypothese oder Kompartimentierungshypothese dagegen erklärt die Entstehung der Zellorganellen in kleineren Schritten innerhalb der Zelle durch Membraneinstülpungen. Dabei wurden sowohl kleinere DNA-Ringe umschlossen wie auch die Enzyme der Atmungskette oder die Fotosynthesepigmente. Die Entstehung des Endoplasmatischen Retikulums ist mit der Kompartimentierungshypothese ebenso gut zu erklären wie die Entstehung der Kernhülle und des Golgi-Apparats.

Zunahme der Komplexität

Prokaryoten sind in ihrer überwiegenden Zahl einzellig und kommen nie über das Stadium einer Zellkolonie hinaus. Eukaryoten dagegen entwickeln sich in großer Formenfülle zu Vielzellern. Gegenüber den totipotenten Einzellern, die mit nur einem Zelltyp sämtliche Lebensleistungen erbringen, weisen Vielzeller unterschiedliche Zelltypen auf, die für bestimmte Aufgaben spezialisiert sind.

Schon frühe Einzeller entwickelten die Fähigkeit zur Phagozytose und konnten so planktonische Algen fressen oder Algenrasen abweiden. Die neu entstandenen Räuber-Beute-Beziehungen führten einerseits zu neuen Algenarten, andererseits entstand zwischen den Pflanzenfressern ein Konkurrenzdruck. Größenzunahme konnte nun bei Pflanzen wie Pflanzenfressern ein Selektionsvorteil sein. Energetisch am günstigsten wurde eine Größenzunahme wohl durch Vielzelligkeit erreicht. Diese wiederum erlaubte eine fortschreitende Differenzierung und Arbeitsteilung im Organismus.

Vielzelligkeit ist im Verlauf der frühen biologischen Evolution mehrfach unabhängig voneinander entstanden. Schon bei Prokaryoten wie den Myxobakterien kommt es zu einer Arbeitsteilung, Einzeller wie die Foraminiferen bilden vielkernige Einzeller-Kolonien. Die verschiedenen Algengruppen – Rotalgen, Braunalgen und Grünalgen – Pilze und Tiere entwickeln getrennt die Vielzelligkeit.

MIKROBEN ALS EXTREMISTEN

Der Temperatur-Toleranzbereich, innerhalb dessen heutiges Leben möglich ist, schwankt bei den meisten Lebewesen zwischen etwa 0 und 40 °C. Unter den Lebewesen, die einen Zellkern besitzen, den Eukaryonten, gibt es nur ganz wenige, die außerhalb dieser Grenze zu leben vermögen. Dazu gehört die weltweit in heißen Vulkanquellen vorkommende einzellige Rotalge Cyanidium caldarium und der Pilz Thermoascus aurantiacus, der noch bei 62 °C wachsen kann.

Bestimmte Lebensraumspezialisten können aber in ökologischen Nischen mit extremen Werten hinsichtlich Temperatur, Druck oder Ionenmilieu doch noch aktiv leben. Solche Lebewesen, die nicht nur in Form von Dauerstadien randständige Umweltparameter passiv ertragen können, sondern ihren gesamten Lebensrhythmus unter solchen Verhältnissen durchlaufen, extreme Umweltbedingungen geradezu brauchen, nennt man extremophil. Die überwiegende Zahl extremophiler Organismen zählt zu den Prokaryoten, das sind einzellige Lebensformen, denen ein membranumgrenzter Zellkern fehlt.

Ihre Erforschung begann, als der amerikanische Mikrobiologe Thomas Brock Mitte der 1960er-Jahre in kochend heißen Geysiren des Yellowstone-Nationalparks Mikroorganismen fand. Heute wird weltweit nach Extremophilen gefahndet – und wo man auch sucht, selbst im Schwefeldampf heißer Vulkanschlote und im Tiefengestein, scheint man fündig zu werden.

Extreme Spezialisten bezeugen an vielen Stellen der heutigen Erde, unter welchen Bedingungen Leben auf der unwirtlichen Urerde doch möglich war. In vulkanischen Schwefelquellen leben Rotalgen in einer Umwelt, in der neben extremen Temperaturen noch ein Säuregrad herrscht, der konzentrierter Schwefelsäure nahe kommt. In Druckkesseln mit kochend heißem Wasser und Schwefelgasen züchtete der Mikrobiologe Karl Stetter Archaeen aus heißen Vulkanschlämmen und vom Boden der Tiefsee. Archaeen haben wie echte Bakterien keinen Zellkern, unterscheiden sich von diesen aber im Bau vieler Zellmoleküle, die ein Überleben in extremsten Verhältnissen ermöglichen.

Das Verborgene Feuernetz mit dem wissenschaftlichen Namen Pyrodictium occultum und der Feuerlappen aus dem Kamin, Pyrolobus fumarius, vertragen die höchsten Temperaturen. Unter Überdruck gedeihen sie noch bei 113 °C. Bei Temperaturen, bei denen sich der Mensch die Haut verbrennt, fallen diese hitzeliebenden, fachsprachlich »thermophilen« Mikroben gleichsam in Kältestarre. Bei 80 °C hören Feuernetze auf, zu wachsen, Feuerlappen schon bei 90 °C. Dagegen verdoppeln sie sich durch Zellteilung in kochendem Wasser alle 20 Minuten.

Überlebenshilfen besonderer Art brauchen die Thermophilen allerdings, um mit den physikalischen und chemischen Stressfaktoren fertig zu werden. Die Rasende Feuerkugel (Pyrococcus furiosus) beispielsweise enthält ein Eiweißmolekül, das noch bei 130 °C stabil ist. Der Zerfall der Erbsubstanz bei hohen Temperaturen wird verhindert, indem spezielle Enzyme die als Doppelhelix strukturierte DNA fester verdrehen und dadurch stabilisieren. Eine Zellmembran aus einer einlagigen Schicht spezieller fettähnlicher Lipide ermöglicht ein Überleben in heißer, konzentrierter Säure.

An das lebensfeindliche Milieu der heißen Quellen im Yellowstone-Nationalpark im amerikanischen Nordwesten haben sich thermophile Algen und Bakterien angepasst. Solche Spezialisten bezeugen heute an vielen Stellen der Erde, unter welchen Bedingungen Leben auf der unwirtlichen Urerde möglich war.

Selbstverständlich sind diese Extremophilen nicht nur für den Evolutionsbiologen von Interesse, sondern ebenso für die industrielle Forschung. Sieht man in den Fähigkeiten der hitzeliebenden Extremisten doch eine mögliche Fundgrube für neuartige Natur- und Wirkstoffe. So lässt sich mit hitzestabilen Enzymen aus den Mikroorganismen die Waschkraft von Kochwaschmitteln erhöhen oder der Abbauprozess in Klärwerken beschleunigen. Aus anderen gewinnt man Enzyme, mit deren Hilfe sich DNA in beliebiger Menge vervielfältigen lässt.

Auf Metallerzen lebende Mikroben setzen Metalle in Form löslicher Ionen frei. Mit ihrer Hilfe lassen sich beispielsweise Gold und andere gefragte Elemente auch aus rohstoffarmen Erzen noch wirtschaftlich rentabel gewinnen. ■

Leben im Präkambrium

Der erste und mit etwa sieben Achteln der Zeit längste Teil der Erdgeschichte ist das Präkambrium. Es wird in die Äonen Hadaikum, Archaikum und Proterozoikum gegliedert. Aus dem Hadaikum, das mit der Entstehung der Erde vor 4,6 Milliarden Jahren begann, gibt es keine Spuren mehr. Diese vorgeologische Ära ist eher ein Gedankenmodell der Astrophysiker für das erste Äon der Erdgeschichte, als der Asteroiden-Geschossregen mit Abnahme der verbliebenen Urmaterie im Weltraum seltener wurde und sich im noch glutflüssigen Erdkörper die Materie entmischte. Auf das Hadaikum folgte das Archaikum, die Zeit, in der das Leben auf der Erde entstand. Der jüngere Teil des Präkambriums von 2,5 Milliarden bis 545 Millionen Jahren ist das Proterozoikum. Nachdem die Oberfläche unseres Planeten erkaltet war und sich Urozeane gebildet hatten, entstanden vor etwa 3,8 Milliarden Jahren die ersten Lebewesen – Bakterien und Cyanobakterien. Erst vor 2,1 Milliarden Jahren traten die ersten Eukaryoten auf, Vorläufer der Geißelträger und Grünalgen. Tierfossilien aus dieser Zeit rechnet man den Hohltieren, Ringelwürmern oder heute nicht mehr vorkommenden Formen zu. Die biochemische Evolution des frühen Präkambriums wurde gegen Ende des Präkambriums durch eine Evolution abgelöst, die sich in auffälligen Veränderungen der äußeren Gestalt ausdrückte. Der Mangel an Fossilfunden aus dem Präkambrium hängt auch damit zusammen, dass schwer zer-

Aufgrund ihres zarten Körperbaus gibt es beispielsweise von Quallen so gut wie keine frühen Fossilien.

setzbare Skelettstrukturen wie Knochen, Zähne und Schalen noch nicht entwickelt waren und zahlreiche tektonische Veränderungen der Erdkruste mögliche Versteinerungen wieder zerstörten. Gesteine aus dieser Zeit in Deutschland sind beispielsweise Gneise, Glimmerschiefer und Granite im Bayerischen Wald und im Schwarzwald sowie die metamorph veränderten Grauwacken des Thüringer Waldes.

Archaikum und Proterozoikum

Die frühe Phase der Erdgeschichte bis vor etwa 3,8 Milliarden Jahren liegt so gut wie im Dunkel unseres Nichtwissens. Als älteste Gesteine der Erdkruste gelten heute 3,9 Milliarden Jahre alte Gneise in Nordwest-Kanada. Ältere Gesteine dürften wohl nie gefunden werden, da ein heftiges Meteoritenbombardement und Konvektionsströme des Erdmantels die frühe Erdkruste immer wieder aufschmolzen. Die Spurensuche nach Resten ersten Lebens wird dadurch erschwert, dass nicht alle geologischen Prozesse, die vor drei bis vier Milliarden Jahren abliefen, bekannt sind und somit die nichtbiologische Entstehung von Biomolekülen und Mikrofossilien nicht sicher auszuschließen ist. Zu den Zeugen ersten Lebens gehören zelluläre Mikrofossilien, Stromatolithen und bestimmte chemische Zusammensetzungen und Isotopenverhältnisse, wie sie typischerweise bei lebender Materie vorkommen. Die Anfänge des Lebens müssen noch vor 3,8 Milliarden Jahren gelegen haben, denn für diesen Zeitpunkt lässt sich bereits die Existenz mikroskopisch kleiner kugeliger Körper, der Mikrosphären, nachweisen. Diese traten einzeln und in Kolonien auf und zeigten für Lebewesen kennzeichnende Eigenschaften. Die Landmassen sind zu den Großkontinenten Pangaea und Rodinia vereinigt und vom Panthalassischen Ozean im Osten und dem Panafrikanischen Ozean im Westen umgeben. Im Archaikum waren At-

Die Geschichte der Erde wird in vier große Abschnitte, die **Erdzeitalter** unterteilt: Erdurzeit oder Präkambrium, Erdaltertum oder Paläozoikum, Erdmittelalter oder Mesozoikum und Erdneuzeit oder Känozoikum. Jedes dieser Erdzeitalter wird in mehrere Perioden und diese in Epochen untergliedert.
Die geologische Zeitskala fasst Zeitabschnitte zusammen, in denen sich Ablagerungen von Gesteinen gleichen oder bestimmte Tier- und Pflanzenarten zum ersten Mal aufgetreten sind. Für Paläozoikum, Mesozoikum und Känozoikum, die als Phanerozoikum zusammengefasst werden, gibt es viele Befunde. Dagegen können das Präkambium und seine Äonen – das Hadaikum ohne Leben, das Archaikum mit frühesten Lebensformen und das jüngere Proterozoikum – wegen des weitgehenden Fehlens von Organismenresten und des nur lückenhaften Auftretens entsprechend alter Gesteine zeitlich nur relativ grob untergliedert werden.

mosphäre und Ozeane weitgehend sauerstofffrei und boten somit ideale Lebensbedingungen für solche Mikroben, deren Stoffwechselendprodukt Methan ist. Dieses Methan verursachte einen Treibhauseffekt, der die Erde warm hielt zu einer Zeit, als die Sonnenstrahlung noch zu schwach war, um den jungen Planeten zu erwärmen.

In den Ablagerungen des frühen Proterozoikums sind die Stromatolithen die auffälligsten Lebewesen. Die marinen Ökosysteme waren in Ufernähe durch Bakterien-Rasen und später auch durch Algen-Rasen auf dem Meeresboden gekennzeichnet, die mit der Zeit mächtige Kalksteinstapel bildeten. Die fotosynthetisch aktiven Organismen entzogen der Atmosphäre das Treibhausgas Kohlenstoffdioxid und reicherten sie mit Sauerstoff an, sodass sich die Methan liebenden Organismen in sauerstofffreie Nischen zurückzogen. Während des Proterozoikums kam es daher zu ausgedehnten Vereisungen der Erdoberfläche. Als vulkanische Entgasungen die Kohlenstoffdioxid-Konzentration anstiegen ließen, erwärmte sich das Erdklima infolge des Treibhauseffektes wieder. Während die Kontinente als unbelebte Gesteinswüsten aus den Weltmeeren herausragten, erschienen nun im Wasser eigenartige Lebewesen, die erstmals in den Ediacara-Bergen Australiens entdeckt wurden. Diese Lebewesen, Pflanzen oder Tiere, deren systematische Stellung im biologischen System weitgehend unklar ist, werden als Vendobionten bezeichnet. Mit dem Auftreten neuartiger Fressfeinde am Übergang zum Kambrium fanden die Vendobionten ein rasches Ende. Dafür entwickelten vielzellige Meeresorganismen die biochemischen Voraussetzungen für die Bildung von Hartteilen wie Schalen und Panzer.

Stromatolithen

Stromatolithen sind lamellenartig gelagerte, kalkreiche Fossilien, die von Cyanobakterien in millimeterfeinen Schichten in vielerlei Formen abgelagert wurden. Sie bilden polster-, knollen- oder säulenartige Gebilde in Größen von wenigen Millimetern bis zu vielen Metern. Hauchdünne Überzüge auf Felsen und dem Gewässergrund wuchsen dadurch in die Höhe, dass eingeschwemmter Sand, Kalkschlamm oder Ton an der schleimigen Oberfläche haften blieb und mit der Zeit eine feste Schicht bildete. Da die fotosynthetisch tätigen Bakterien Licht brauchen, siedeln sich immer wieder neue Generationen auf der Oberfläche der Ablagerungen an. Über Jahrmillionen verbindet sich der gebildete Sauer-

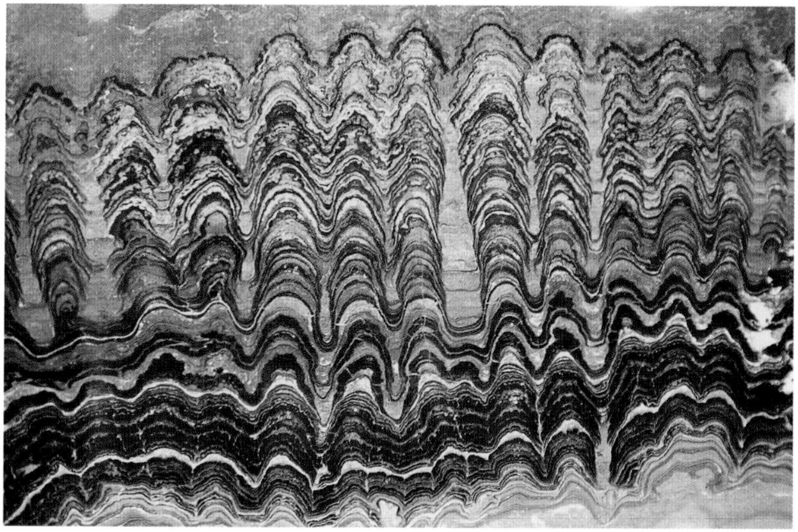

2,4 Milliarden Jahren alte fossile Stromatolithen aus dem Präkambrium Cordobas. Der Längsschnitt zeigt, dass diese Prokaryoten durch Schichtung mehrerer Lagen von Kalksedimenten nach oben wuchsen.

stoff mit dem im Wasser gelösten Eisen und mit Schwefelverbindungen. Schließlich aber steigt er als Gas in die bis dahin sauerstofffreie Atmosphäre auf. Der neue Stoffwechselweg der Fotosynthese ist so erfolgreich, dass die nur wenige Tausendstel Millimeter großen Lebewesen nach und nach die Atmosphäre des gesamten Planeten umgestalten konnten, Voraussetzung für die Entwicklung des uns vertrauten höheren Lebens.

Während einst die Stromatolithen die Erde beherrschten, sind sie heute auf solche Gebiete beschränkt, die für höhere Lebensformen zu unwirtlich sind. Man findet sie an verschiedenen Küstenregionen der Erde wie in der Baja California in Nordmexiko, am Ufer des Großen Salzsees in Utah, entlang des Ebros in Spanien oder in der Shark Bay in Westaustralien. Rezente Stromatolithen zeigen eine verblüffende Ähnlichkeit mit ihren Milliarden Jahre alten Vorfahren. Auch sie werden von Bakterien und Blaualgen aufgebaut. Sie bilden glitschige und schleimige Mikrobenmatten, die nach Schwefel riechen. Dabei handelt es sich um gewaltige Mengen gemeinsam lebender Bakterien, die entsprechend ihren Stoffwechselmöglichkeiten schichtweise organisiert sind. In den oberen Schichten betreiben Cyanobakterien Fotosynthese. Was sie erübrigen, dient ihren Nachbarn in tieferen Schichten, wie beispielsweise den purpurnen Schwefelbakterien, als Lebensgrundlage.

In der Shark Bay in Westaustralien haben sich Mikrobenmatten zu gewölbten lebenden Steinen entwickelt, die mit Bakterien angefüllt sind.

Durch Bindung von Sedimentteilchen und Kalkablagerungen verstärkt, bilden sie eine lebende Festung gegen die Brandung und beherbergen neben den fotosynthetisch tätigen Cyanobakterien beispielsweise Spirillen und Spirochaeten.

Die Ediacara-Fauna

Die Ediacara-Fauna umfasst flach gebaute vielzellige Lebewesen, die nur in Form von Abdrücken im Sediment erhalten sind und keine Hartteile aufweisen. Sie ähneln meist Quallen oder Würmern. Neben radiärsymmetrischen Formen besaßen viele auch eine deutlich zweiseitige Symmetrie mit Vorder- und Rückseite. Einige erreichten bis zu einem Meter Länge. Ihr Auftreten umfasst den Zeitraum vor 700 bis 550 Millionen Jahren. Da nicht einmal sicher ist, ob es sich überhaupt um Tiere handelte, spricht der Paläontologe Adolf Seilacher von Vendobionten. Die in großer Zahl gefundenen Formen weisen einzelne Kammern auf, die wahrscheinlich mit Zellplasma gefüllt waren. Die Vendobionten lebten vermutlich als Filtrierer heterotroph auf dem von Biomatten überzogenen Meeresboden oder waren in oberflächennahe Schichten eingegraben. Sie waren die ersten höheren Lebewesen, die sichtbare Spuren im Gestein hinterließen. Die Weichkörper-Lebewesen sind in grobkörnigen Sedimenten wohl nur deshalb fossil erhalten geblieben, weil zur Zeit des Ediacariums weder Aasfresser noch Raubtiere den Meeresboden durchwühlten.

Der Fish River Canyon im Süden Namibias erlaubt einen Blick ins Ediacarium. In den präkambrischen Sandsteinen wurden hervorragend erhaltene Fossilien früher vielzelliger Tiere entdeckt.

Ob die Vendobionten nun entfernte Verwandte der Hohltiere oder der Gliederwürmer waren und somit unter ihnen die Vorfahren heutiger Tierstämme gewesen sein könnten oder ob sie ein blind endender Zweig im Stammbaum der Lebewesen waren, der zu Beginn des Kambriums ausstarb, kann nicht eindeutig beurteilt werden. Auf jeden Fall lebten sie schon im Proterozoikum, also im »tierlosen« Zeitalter.

Charniodiscus stand möglicherweise wie die heutigen Seefedern mittels eines Haftorgans ortsfest am Meeresboden.

Das Paläozoikum – die Entfaltung der Vielfalt

Das letzte Achtel der erdgeschichtlichen Zeit ist das Phanerozoikum. Hier spielt sich die stammesgeschichtliche Hauptentwicklung der Tier- und Pflanzenwelt ab. Immer wieder kommt es zum Auseinanderbrechen der im Jungproterozoikum gebildeten Großkontinente und zu einem erneuten Zusammenschluss zu Superkontinenten, bis schließlich die heutigen Erdteile und Ozeane entstanden. Auch das globale Klima unterlag vielfachen Veränderungen. Auf Inlandvereisungen folgten Wärmeperioden. So war das Mesozoikum durch ein warmes, trockenes Klima gekennzeichnet, bevor im Tertiär und Quartär erneut Klimaverschlechterungen eintraten.

Das Erdaltertum begann vor 545 Millionen Jahren und endete vor 250 Millionen Jahren mit einem Massensterben an der Grenze zwischen Perm und Trias. Im frühen und mittleren Paläozoikum entwickelte sich im Meer eine Fülle spezialisierter Lebensformen, während die Kontinente zunächst leblose Wüsten waren. Im Silur erfolgte die Besiedlung des Festlandes zunächst durch Pflanzen und Gliedertiere. Unter den Wirbeltieren waren Fische und mit Eroberung des Festlandes Amphibien die vorherrschenden Gruppen. Bei den Pflanzen entwickelten sich Schachtelhalme, Bärlappe und Farne.

Die kambrische Radiation

Mit Beginn des Kambriums vor ungefähr 545 Millionen Jahren kommt es zu einer durch Fossilfunde belegten geradezu explosiven Entwicklung der verschiedensten Lebensformen. Bis auf einige Felsen bewohnende

Cyanobakterien bleiben sie alle auf das Meer beschränkt. Grün- und Rotalgen stehen am Anfang der Nahrungskette der meisten Tiere. Mit Ausnahme von Insekten und Wirbeltieren findet man in kambrischen Sedimenten Vertreter aller heute bekannten Tierstämme. Besonders zahlreich sind Trilobiten, Vertreter von Gliederfüßern, die heute nicht mehr existieren. Neben den Trilobiten, die mit rund 60 Prozent aller Arten den Hauptanteil der ausschließlich marinen Fauna stellten, waren die Brachiopoden, die Armfüßer, mit rund 30 Prozent vertreten. Ihren Namen verdanken diese Tiere einem muskulösen Stiel, mit dem sie sich im Boden verankern. Ihren Körper schützen sie mit zwei zunächst hornigen Klappen, was sie auf den ersten Blick wie Muscheln aussehen lässt, mit denen sie aber nicht verwandt sind. Am Boden des kambrischen Meeres lebten zahlreiche Schwämme und erste gestielte Stachelhäuter, während im Sediment zahllose Grabwürmer nach Nahrung suchten.

Die kambrischen Sedimente zeigen uns heute, dass sich die Zahl fossiler Arten nach Ausrottung der Ediacara-Fauna zunächst nahezu arithmetisch vervielfältigte.

Ob es aber eine kambrische Explosion des Lebens, wie es der berühmte Paläontologe Stephen Gould formulierte, gegeben hat, ist strittig. Möglicherweise zeigen die kambrischen Funde lediglich die Evolution harter Strukturen bei Linien, die sich schon lange zuvor auseinanderentwickelt haben. Schon vor der kambrischen Zeit hat sich nämlich vor rund 570 Millionen Jahren innerhalb einer relativ kurzen Zeitspanne eine Vielzahl von Lebensformen entwickelt, von denen die meisten heute keine Nachfahren mehr haben. Die genetische Grundausstattung und die embryonalen Entwicklungsmuster der vielen neuen kambrischen Arten entstanden ebenfalls bereits im Präkambrium. Passender wäre es dann, von einem kambrischen Aufblühen zusprechen.

Offensichtlich nutzten die Tiere des frühen Kambriums alle Möglichkeiten, die ihnen die verschiedenen ökologischen Nischen des Meeres boten. Zwischen den teilweise skurril anmutenden frühen Arten entwickelte sich ein strukturiertes Nahrungsnetz mit bemerkenswerter Mannigfaltigkeit. Die Erfindung der räuberischen Lebensweise hat wohl einen Selektionsdruck hin zu Schutzeinrichtungen wie Außenschalen oder anderen Hartteilen erzeugt. In einer Koevolution, die wie ein »Wettrüsten« zwischen Angriffs- und Verteidigungseinrichtungen verläuft, entwickelten sich bei den Räubern starke Gebisse oder krallenbewehrte Gliedmaßen. Neben äußeren Ursachen sind auch genetische Innovationen für die Entwicklung der Vielfalt verantwortlich. In wenigen Jahrmillionen entstehen so mehr grundlegende Baupläne als in jeder anderen erdgeschichtlichen Epoche.

Neue Tierstämme entstehen

Alle Tierarten, die es heute gibt, lassen sich in rund 30 Tierstämme einteilen, die sich durch einen jeweils grundsätzlich anderen Körperbau unterscheiden. Die kambrische Radiation aber soll nach Ansicht einiger Wissenschaftler bis zu 100 verschiedene Tierstämme und damit 100 grundverschiedene Baupläne hervorgebracht haben. Auslöser für die Bildung immer neuer Lebensentwürfe waren vielleicht die Zunahme anorganischer Verbindungen im Meer zur Bildung von Panzern und Schalen oder immer mehr Nährstoffe in den marinen Ökosystemen, die eine Größenzunahme der Organismen ermöglichten. Größe eröffnete neue Spielräume für neue Baupläne. Sauerstoffanreicherung ermöglichte eine bessere Atmung im Wasser und damit einen effektiveren Stoffwechsel. Immer komplexere Ökosysteme brachten immer mehr neue Formen hervor. Die meisten Stämme sind rasch wieder verschwunden, und viele hatten einen ganz außergewöhnlichen Bau, manche mit fünf Augen im Kopf, andere mit kreissägeartigen Mäulern oder mit Greifzangen auf langen Stielen.

Die Bilateria, die Zweiseitentiere mit ihrem spiegelsymmetrischen Bau, zu denen heute sowohl Stubenfliege und Weinbergschnecke als auch der Elefant gehören, entwickeln sich aber in den anschließenden Phasen der Erdgeschichte zur erfolgreichsten Gruppe. Im Gegensatz zu den Schwämmen und Hohltieren besitzen die Bilateria drei unterschiedliche Gewebetypen mit Nervensystem, Blutkreislauf und vielfältigen inneren Organen. Noch kennt man kein Fossil aus dem Proterozoikum, das eindeutig zu dieser Gruppe gehört. Eventuell kommt als ältester Vertreter der Bilateria Vernanimalcula, ein in Südchina gefundenes 0,2 Millimeter großes und 600 Millionen Jahre altes Fossil, in Betracht. Dieses winzige Fossil zeigt, dass die Evolution zuerst die innere Komplexität und dann erst die Zunahme der Körpergröße hervorgebracht hat. Die Entstehung der Bilateralsymmetrie mit einer linken und rechten Körperhälfte datieren Molekularbiologen anhand von Unterschieden zwischen bestimmten Genen von Hohltieren und Zweiseitentieren 700 bis 1200 Millionen Jahre tief ins Präkambrium zurück.

DIE FOSSILIEN DES BURGESS-SCHIEFERS

Drei Fundorte offenbaren eine kambrische Welt mit Lebensformen wie von einem fremden Stern. Erstmals hat der Geologe Charles Dolittle Walcott Anfang des 20. Jahrhunderts das Fenster zu dieser ungewöhnlichen Welt aufgestoßen. In weniger als zehn Jahren verfrachtete er fast 70 000 Fundstücke aus 2500 Meter Höhe von den Burgess-Schiefern in den kanadischen Rocky Mountains in sein Labor in Washington. Inzwischen bestätigt der Fundort Sirius Passet in Nord-Grönland und der Fundort Chengjiang in der chinesischen Provinz Yunnan die Faunenzusammensetzung des Burgess-Schiefer für das Kambrium. Tiere wie Marella, Anomalocaris und Hallucigenia haben heute keine Nachkommen mehr und wirken surrealistisch fremd. Anfangs werden sie zu Quallen, Garnelen und Seegurken erklärt, bald aber stellt sich heraus, dass manche Zuordnung überhaupt nicht zutrifft. Ist die Ähnlichkeit der kambrischen Schwämme mit den Tieren unserer Epoche noch offensichtlich, sind die Baupläne anderer Arten längst wieder verlorengegangen und lassen sich keiner heute lebenden Tiergruppe zuordnen.

Die Burgess-Tiere leben zu ihrer Zeit in einem sonnendurchfluteten, flachen Meer auf Schlamm- und Sandbänken an der Abrisskante zur Tiefsee. Schon ein kleines Erdbeben genügt und eine Schlammlawine reißt zahlreiche Tiere mit nach unten in den sauerstofffreien Abgrund, wo die geochemischen Umstände sie gleichsam mumifizieren. Erst Hunderte von Millionen Jahren später heben tektonische Kräfte den Boden des Urozeans nach oben und verwandeln ihn zur Wildnis im Hochgebirge.

Bis heute hat man rund 150 Arten der ehemaligen Meeresbewohner unterschieden. Dabei ergeben sich immer wieder Überraschungen, oder soll man sagen Blamagen der Paläontologie. So ist Hallucigenia erst ein Wurm, der auf 14 Stelzen über den Schlamm des Urozeans stakste. Sieben kleine Rüssel am Rücken sollen Nahrung eingefangen haben. Ein solches Tier passt in kein zoologisches System, ein eigener Tierstamm also. Dann dreht man den Wurm um, und die paarweisen Rüssel werden zu Laufbeinen, die Stachelbeine sind Abwehreinrichtungen. Jetzt ist kein neuer Tierstamm mehr nötig: Hallucigenia ist ein Stummelfüßer.

Ausgrabungen in China bringen des Rätsels Lösung in Bezug auf Anomalocaris. Aus den kambrischen Schiefern dort, die noch 20 Millionen Jahre älter sind

als die Burgess-Schieferbergen chinesische Forscher über 10 000 Fossilien. Unter den meist nur fingergroßen anderen Arten befindet sich ein hervorragend erhaltener Gigant. Aus dem Burgess-Schiefer kennt man nur Bruchstücke von Anomalocaris, die zunächst verschiedenen Arten zugeordnet werden. Jetzt ist man sicher, dass die zur »Ungewöhnlichen Garnele« zusammengesetzten Teile richtig angeordnet sind. Das Tier ist mit bis zu zwei Metern Länge ein kambrischer Superräuber. Mit seinen Stielaugen lauert er im Schlamm, aus dem er ähnlich wie ein heutiger Rochen auf arglose Trilobiten hervorschießen kann. Mit seinen beiden Fangrüsseln fasst er sein Opfer und stopft es in sein Raspelmaul. Überreste im Darm von Anomalocaris lassen sich heute noch als geschredderte Panzer von Trilobiten identifizieren.
Die chinesischen Ausgrabungen brachten mit Tierformen, die Larven heutiger Neunaugen ähneln, einen weiteren erstaunlichen Befund. Kieferlose Neunaugen stehen an der Basis der Wirbeltiere, und somit begann die Geschichte der Wirbeltiere bereits im Kambrium. ■

Die kambrischen Meeressedimente liegen heute als Burgess-Schiefer hoch in den kanadischen Rocky Mountains.

Ein interessanter Fund aus den Burgess-Schiefern ist Pikaia, ein Tier, dessen Körperform durch ein inneres Stützgerüst, das vom Kopf bis zur Schwanzspitze reicht, stabilisiert war. Zu beiden Seiten des abgeflachten Körpers befinden sich paarig segmentierte Muskeln. Für ein frei schwimmendes Lebewesen erwies sich ein langer versteifter Stützstab auf der Rückenseite als bahnbrechende Entwicklung. Die Ansätze für eine stützende Rückensaite, eine Chorda dorsalis, sowie die segmentierten Muskeln sind Kennzeichen der **Chorda-Tiere**. Bei Fischen und allen späteren Wirbeltieren bildet die Chorda das Rückgrat oder die Wirbelsäule. Pikaia weist eine große Ähnlichkeit mit dem heute lebenden Lanzettfischchen auf, das entlang der Chorda einen bauchwärts gelegenen Nervenstrang und einen Schlund mit Kiemenspalten besitzt. Von Pikaia aus eröffnet sich also der Weg zu den Fischen, Reptilien und Säugetieren.

Trilobiten

Trilobiten oder Dreilapper waren im Kambrium ein Erfolgsmodell, auch wenn sie heute aus dem Evolutionsprogramm verschwunden sind. Sie gehören zu den bedeutendsten Fossilien des Erdaltertums. In begrenzten Zeiträumen lösen vielfältige Formen einander ab, was die Tiere zu wichtigen Leitfossilien macht, mit denen sich die Sedimente aus dem Erdaltertum zeitlich einordnen lassen. Vor allem in dem auf das Kambrium folgenden Ordovizium wurden sie eine besonders arten- und individuenreiche Gruppe. Im Devon ging ihre Zahl dann schlagartig zurück, was mit dem Auftreten kieferbewehrter räuberischer Fische zu tun haben könnte, bevor sie am Ende des Perms für immer verschwanden. Der Name Dreilapper bezieht sich auf die ausgeprägte Dreiteilung des Körpers in Längs- wie in Querrichtung. Der Rückenpanzer des flachgedrückten Körpers ist durch zwei von vorne nach hinten verlaufende Furchen in einen Mittel- und zwei Seitenabschnitte geteilt. In Längsrichtung trennt ein mittlerer Teil gelenkig verbundener Segmente einen halbkreisförmigen Kopfschild von einem hinteren Schwanzschild. Das Außenskelett der Tiere wurde beim Wachstum abgestreift, und viele der Überreste fossilisierten. Auf beiden Seiten des Kopfschildes besaßen die Tiere Komplexaugen, ähnlich denen heutiger Krabben. Die Trilobitenaugen waren die ersten Augen der Erdgeschichte. Der Entwurf des Komplexauges aus zahllosen kleinsten Einzelaugen bleibt erfolgreich – alle Insekten und alle Krebstiere tragen bis heute solche Facettenaugen.

Trilobiten waren in ihrer überwiegenden Zahl Sedimentfresser, die den Bodenschlamm aufnahmen und die darin enthaltenen organischen Bestandteile verdauten. Daneben gab es Filtrierer sowie grabende und planktontisch lebende Arten. Um die Nahrung zu zerkleinern oder Beute zu fangen, besaßen die Tiere allerdings keine speziellen Mundwerkzeuge wie Kiefer oder Ähnliches. Die gesamte Verarbeitung der Nahrung und die Zufuhr zum Mund erfolgten mit Hilfe der zahlreichen Beine.

Trilobiten gehören zu den bedeutendsten Fossilien im Erdaltertum. Sie waren überwiegend Flachwasserbewohner, die sich von organischem Schlamm und Kleinstlebewesen ernährten.

Ordovizium – Siegeszug der Kopffüßer

Im Ordovizium treten erstmals Wirbeltiere auf. Dabei handelt es sich um kieferlose, mit Knochenplatten gepanzerte Fischformen, die eine knorpelige Wirbelsäule besitzen. Unter den Protisten finden sich die verschiedensten Algen, wobei die Braunalgen Riesentange bilden. Im ordovizischen Meer entwickeln sich Seeigel und Seesterne. Die Trilobiten entwickeln neue Formen, die sich von den kambrischen deutlich unterscheiden. Die Meeresfauna aber wird von Graptolithen-Kolonien und Kopffüßern wie den Orthoceren dominiert.

Graptolithen oder »Schriftsteine« sind Kolonien von Tieren, die an Strängen aufgereiht Plankton aus dem Wasser filtern. Anfangs noch am Boden haftend, entwickeln sich immer mehr frei schwebende Formen. Viele der im Meer treibenden Tiere sinken an Stellen zu Boden, wo keine Bodenorganismen leben, und werden deshalb nicht zersetzt. Die entsprechend gut erhaltenen Formen werden wichtige Leitfossilien des Ordoviziums.

Die Weichtiere bringen tintenfischähnliche Orthoceren oder Geradhörner hervor, deren Gehäuse an Eistüten erinnern. Von diesen Kopffüßern sind bis zu neun Meter lange Gehäuse überliefert. In manchen

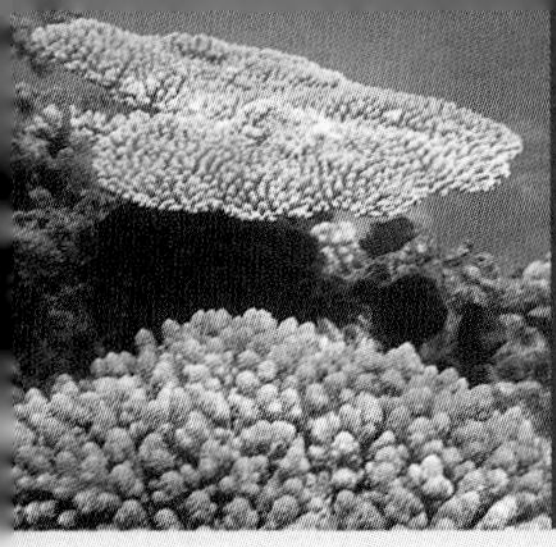

RIFFE

Riffe sind untermeerische Erhebungen aus biogenem Kalkstein oder Dolomit. Im Laufe von Jahrhunderten oder Jahrmillionen sind sie von verschiedenartigen Organismen gebildet worden. Zu den Riffbildnern zählen Stromatolithen, Schwämme, Korallen, Moostierchen, Muscheln und Kalkalgen.

Die Entwicklung der Riffe hält seit der Frühzeit des Lebens bis heute an. Die ersten prokaryotischen Lebewesen, die Cyanobakterien, formten einfache Riffe. An einigen Orten der Erde bildeten sie dennoch über einen Kilometer dicke Ablagerungen. Im Kambrium erschienen höherentwickelte Organismen, die im Meer rasch nach oben wuchsen, um Plankton abzufiltern. Weichschwämme, Kalkschwämme und erste Steinkorallen gehören dazu. Im Ordovizium sind Moostierchen oder Bryozoen neben frühen Korallen wichtige Riffbildner. Die Riffgesteine der Eifel sind Überreste großer Riffe aus der Zeit des Silurs und Devons. Die devonischen Riffe lassen sich zwei unterschiedlichen Bereichen zuordnen: Sie wuchsen entweder ähnlich dem heutigen Great Barrier Reef Australiens am Schelfrand oder wie die heutigen Südsee-Riffe auf untermeerischen Vulkanschwellen. Wo durch tektonische Bewegungen der Untergrund absinkt, werden oft viele Hundert Meter Kalk abgesetzt.

Weltrekord unter den größten Bauwerken der Erde sind die von Korallen geschaffenen Riffe. Am Eniwetok-Atoll ragt Kalkgestein über 1200 Meter vom Meeresgrund nach oben. Blumentiere, wie man Korallen auch nennt, sind festsitzende Hohltiere mit nesselbewehrten Fangtentakeln. Bei vielen Arten entsteht aus einem Einzelindividuum ein Tierstock aus Millionen winziger Polypen. Jeder Korallenpolyp hat nur einen Durchmesser von wenigen Millimetern. Durch ungeschlechtliche Vermehrung eines Gründerpolypen wächst die Kolonie heran. Jede neue Polypengeneration baut auf den kalkigen Skelettresten der vorangegangenen Generation. Schließlich entsteht ein Korallenstock mit arttypischer Form.

Im Erdmittelalter entsteht mit der Fotosymbiose die Energieversorgung, wie sie die heutigen Riffkorallen besitzen. Im Gewebe der riffbildenden Steinkorallen leben Millionen einzelliger Grünalgen als symbiontische Untermieter. Diese liefern mit ihrer Fotosynthese den Korallen Zucker und Sauerstoff und erhalten im Gegenzug dafür Schutz und wertvolle Abfallprodukte wie Phosphate und Kohlenstoffdioxid. Die Symbiose erleichtert die Kalkausscheidung durch die

Korallen, sodass sie schnell wachsen können und bald viele flache Bereiche des offenen Ozeans besiedeln. Ebenso im Erdmittelalter entstehen auch große Kieselschwammriffe, die wir heute auf der Schwäbischen und Fränkischen Alb finden. Die Gipfel der Dolomiten oder des Wettersteingebirges sind im Wesentlichen ebenfalls ehemalige Kalkschwammriffe.

Heute bilden Abermilliarden von winzigen Korallentieren mit ihren Kalkskeletten zusammen mit Schwämmen, Muscheln, Moostierchen und Kalkalgen ein Riff.

In der Kreidezeit bringen koloniebildende Muscheln, deren Schalen zu turmförmigen Gebilden ausgewachsen sind, Riffstrukturen hervor. Seit dem Erdaltertum sind Kalkalgen mit unterschiedlichem Beitrag wichtige Riffbildner. Gegenwärtig sind Korallentiere die vorherrschenden Riffbildner, zum Riffaufbau tragen aber auch Kalkalgen, Muscheln, Moostierchen, Schwämme und Einzeller mit ihren Kalkskeletten bei. Borstenwürmer schließlich verbinden mit ihren Kalkröhren die abgelagerten Skelette und zementieren so das Riff. Korallenriffe wachsen heute nur dort, wo die mittlere Jahrestemperatur des Meerwassers nicht unter 20 °C sinkt. Zwar leben auch außerhalb dieser Zone Korallen, von der Arktis bis zur Antarktis, im Flachmeer wie in der Tiefsee, doch bauen diese Arten keine Riffe auf.

Als Küstenschutz sind Saumriffe für tropische Inseln unverzichtbar. Doch auch die fossilen Riffe im Untergrund sind für den Menschen von ökonomischer Bedeutung. Aufgrund ihrer hohen Porosität sind sie wichtige Erdöl- und Erdgasspeicher. Und schließlich ist es einfach die Schönheit der Riffe – seien es die Korallenriffe der tropischen Meere oder die bizarren Felsformationen der Riffrelikte der Kalkalpen, der Dolomiten, der Schwäbischen Alb sowie des Schweizer Juras, die zahllose Urlauber anziehen. ■

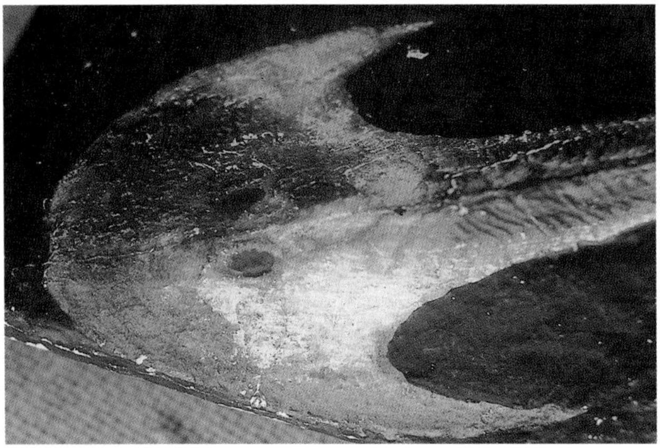

Gesteinen kommen sie so häufig vor, dass man geradezu von »Orthoceren-Schlachtfeldern« spricht. Spätere Formen haben sich an der Spitze eingerollt, eine Tendenz, die schließlich bei den Ammoniten zu vollständig eingerollten Körpern führt. Das heute noch lebende Perlboot Nautilus ist ein lebendes Fossil aus dieser Zeit. Es erinnert an die fossile Gattung Trocholithes aus dem Ordovizium.

Viele kieferlose Fische besaßen wie dieser Vertreter der Agnathen aus dem Ordovizium Spitzbergens einen abgeplatteten Körper mit einem breiten Kopfschild.

Die frühen Wirbeltiere

Nautilioden und andere räuberisch lebende Weichtiere übten auf die frühen Chordatiere einen ebenso starken Feinddruck aus wie die auch im Ordovizium noch sehr erfolgreichen Trilobiten. Viele Chordaten flüchteten in tiefere Gewässer, einige begannen sich einen Panzerschutz zu zulegen. Zu ihnen zählt der urtümliche, äußerlich gepanzerte Astraspis, ein kiefer- und flossenloser, knorpeliger Fisch ohne Knochengerüst. Diese frühen Wirbeltiere, die man Kieferlose oder Agnatha nennt, stehen am Anfang der Stufenleiter der Wirbeltiere. Schon im Ordovizium zeigen sie eine vielfache Radiation, sind in den Gesteinen des Silurs besonders stark vertreten und bleiben bis ins Devon die wichtigste Wirbeltiergruppe, bevor sie gegen Ende des Devons verschwinden.

Die Tiere waren von oben bis unten abgeplattet und besaßen einen breiten Kopfschild sowie einen langen, wie bei den heutigen Haien nach oben gebogenen Schwanz. Wahrscheinlich pflügten sie über den Gewässerboden und filterten den aufgewirbelten Schlick über ihre Kiemen. Die Augen lagen oben auf dem Kopf, sodass sie Fressfeinde rechtzeitig erkennen konnten. Das Fehlen von Kiefern und Zähnen schränkte das Nahrungsspektrum stark ein, doch bot der algenbedeckte Schlammboden eine reichhaltige Palette organischer Nahrung.

Heutige Vertreter der Kieferlosen sind die aalähnlichen Fluss- und Meerneunaugen sowie die Inger oder Schleimaale. Diese modernen Agnathen sind hoch spezialisiert und besitzen einen saugnapfartigen, mit spitzen Hornzähen besetzten Mund, mit dem sie anderen Fischen

Blut aussaugen. Ob oder inwieweit sie mit den paläozoischen frühen Agnathen verwandt sind, ist unklar.

Nachdem schon im Kambrium der Großkontinent Rodinia in mehrere kleinere Kontinente auseinandergebrochen ist, driftet der zweite Großkontinent Gondwana immer weiter auf die Südhalbkugel. Gegen Ende des Ordoviziums kommt es zu einer Eiszeit und damit zu einem der größten Massensterben der Erdgeschichte. Fast drei Viertel aller Tierarten sterben innerhalb von weniger als einer Million Jahren aus.

Die **Bezeichnung der Systeme** der geologischen Zeiteinheiten beruht auf unterschiedlichen Definitionen. Sie sind in der Mehrzahl der Fälle nicht an einem für die Zeit typischen Gestein orientiert. So ist das Kambrium nach der römischen Provinz Cambria benannt. Ordovizium und Silur haben ihren Namen nach keltischen Volksstämmen und das Devon nach der Grafschaft Devonshire. Auch Perm und Jura bezeichnen geografische Regionen. Dagegen meint Trias die Dreiheit Buntsandstein, Muschelkalk und Keuper, wie sie in einigen Gegenden Deutschlands auftritt. Karbon und Kreide heißen nach einem Gestein. Aber nicht alle karbonischen Schichten enthalten Kohle, und nicht alle Schichten der Kreide sind aus dem von Algen abgeschiedenen weichen Kalkstein aufgebaut. Tertiär geht auf einen Gesteinskomplex in Oberitalien, Kristallin, Kalkstein und Geröll, zurück. Auf das ältere Tertiär folgt schließlich als jüngstes System das Quartär.

Erste Landpflanzen im Silur

Im Silur erholt sich das Leben erst langsam von den Folgen des vorhergegangenen Kälteschocks. Die Weltmeere werden zunächst von Korallen, Trilobiten, Kopffüßern, Stachelhäuter und Meeresskorpionen beherrscht. Die Nautiloiden lösen die Trilobiten, die den Gipfel ihrer Entwicklung überschritten haben, in der Rolle der erfolgreichen marinen Räuber ab. Gegen Ende des Silurs entstehen erste Panzerfische, und erstmals treten Landpflanzen und Landtiere auf. Die einfach gebauten Pflanzen sind Flechten, Moose und Nacktfarne, die weder Blätter noch echte Wurzeln besitzen. Wenig später folgen als erste Gliedertiere Skorpione und Tausendfüßer. Im Silur wird der heutige Sauerstoffgehalt der Atmosphäre erreicht.

Zu den bemerkenswertesten Bewohnern der silurischen Brackwasserzonen gehörten die Meeresskorpione, die mit Körperlängen von über zwei Metern als die größten Gliedertieren aller Zeiten gelten. Die Meeresskorpione oder Eurypteriden entwickelten verschieden Lebensformen vom Aasfresser bis hin zu schnell schwimmenden Räubern mit großen Greifzangen. Sie waren die ersten Tiere, denen der Übergang vom Meer ins Süßwasser gelang.

Die räuberischen Fische, die im Silur erstmals auftraten, werden wegen ihrer Panzerung aus Knochenplatten als Placodermen oder Panzer-

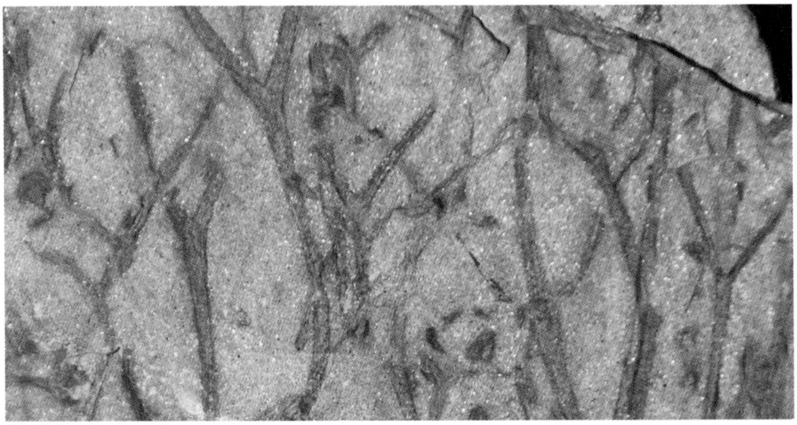

Cooksonia aus der Gruppe der Nacktfarne oder Psilophyten ist die älteste bekannte Landpflanze.

fische bezeichnet. Neu waren die primitiven Kiefer mit Zähnen, die eine enorme Erweiterung des Nahrungsspektrums und neue Möglichkeiten zur Verteidigung bedeuteten. Die Kiefer sind entwicklungsbiologisch aus den vorderen Kiemenbögen im Schlund entstanden. Zusammen mit den Kiefern begann die Entwicklung von Zähnen aus knochigem Kern, Dentin und einem Überzug aus Zahnschmelz. Räuberische Meeresskorpione und Panzerfische trugen wesentlich zur Ausrottung nicht gepanzerter Lebensformen im silurischen Meer bei. Von allergrößter Bedeutung für die weitere Entwicklung des Lebens auf der Erde war die Ausbreitung der Pflanzen an Land. Moose haben schon im Ordovizium das Land besiedelt, mit Cooksonia trat im Silur aber die erste Gefäßpflanze an Land auf. Cooksonia bestand aus bis zu vier Zentimeter hohen Stängeln, die Wasser und Nährstoffe transportieren konnten. Am Ende der sich gleichmäßig verzweigenden Äste trug die Pflanze Sporensäcke, Blüten fehlten also noch. Die ersten Landpflanzen nennt man Psilophyten, Nacktpflanzen, da ihre Sprosse keine Blätter trugen. Auch Wurzeln fehlten ihnen. Die Stängel trugen aber Spaltöffnungen, die einen Gas- und Wasseraustausch mit der Atmosphäre ermöglichten.

Die Gruppe der **Algen** ist hinsichtlich Größe, Lebensform und Lebensraum äußerst vielfältig. Es gibt einzellige Formen, Koloniebildner und Vielzeller, die kugelig, fädig oder flächig organisiert sind. Tange und Armleuchteralgen bilden wie die höheren Pflanzen echte Gewebe. Aufgrund molekularbiologischer und zytologischer Befunde geht man davon aus, dass Algen mehrfach konvergent entstanden sind. Nach dem Konzept des Fünf-Reiche-Systems der Lebewesen stellt man die Algen zu den Protista. Innerhalb dieser Gruppierung werden die Algen vor allem aufgrund ihrer Fotosynthesepigmente unterschieden. Kleine krustenförmige Algen aus der Gruppe der Armleuchteralgen waren die ersten Vorfahren der Landpflanzen.

Die ersten Landpflanzen waren zunächst auf Sumpfgebiete beschränkt, überzogen das Festland aber bald mit einer immer größer werdenden Vielfalt. Für den erfolgreichen Landgang der Pflanzen waren Symbiosen mit Pilzen vermutlich sehr bedeutsam. Die Entwicklung der Fotosynthese treibenden Landpflanzen schuf an Land neue Nahrungsnetze. Die ersten Pflanzenfresser an Land waren Gliederfüßer, die sich von pflanzlichem Detritus ernährten, der von Bakterien schon weitgehend zersetzt war. An einem fossilen Tausendfüßer aus 420 Millionen Jahre altem Sediment erkennt man Tracheenöffnungen, die Ausgänge der Luftatmungsorgane der heutigen an Land lebenden Tausendfüßer und Insekten. Ihnen folgten Skorpione und Spinnen als Fleischfresser, alles Tiere, die mit einer Körperbedeckung aus Chitin vor dem Austrocknen geschützt waren.

Die Stammesgeschichte der **Pilze** ist fossil nicht dokumentiert, sodass ihre Evolution durch den Vergleich heutiger Pilze erschlossen werden muss. Die niederen Pilze, das sind Pilze mit begeißelten Sporen, haben vermutlich einen polyphyletischen Ursprung, die höheren Pilze sind einheitlicher, wenn auch ein wirkliches Bindeglied zu Vorfahren nicht bekannt ist. Vermutlich existieren Pilze schon seit 900 Millionen bis 1,2 Milliarden Jahren. Die ältesten Pilzfunde in Schalenfragmenten von Meerestieren reichen ins Kambrium zurück. Die Entfaltung der Pilze hängt mit der Besiedlung des Festlandes zusammen, wobei parasitische wie symbiontische Lebensweisen für den Landgang der Pflanzen sicher mitentscheidend waren. Schimmelpilze lassen sich mit Sicherheit erstmals im Devon nachweisen. Im Karbon gab es auf Farnen schon Rostpilze, und im Steinkohlenwald wuchsen die typischen Ständerpilze.

Das Fischzeitalter Devon

Im Wasser entwickelt sich eine große Vielfalt an Fischen. Neben den kieferlosen schwimmen Panzerfische und Stachelhaie, Knorpelfische und Knochenfische in der freien Wassersäule. Die sich immer weiter entwickelnden verschiedenen Fischgruppen lösen allmählich die Orthoceren ab, deren ganz große Formen schon im Silur ausgestorben sind. Gegen Ende des Devons verlassen erste amphibienartige Wirbeltiere das Wasser und entwickeln sich zu Landtieren. Als zunächst noch kleine, ungeflügelte Gruppe treten erstmals die später so erfolgreichen Insekten auf. An Land erleben die Nacktfarne ihre Blütezeit, werden dann aber von den sich entfaltenden Gefäßsporenpflanzen, den Bärlappen, Schachtelhalmen und Urfarnen, verdrängt. Erste Samenpflanzen treten auf. Durch die Zunahme der Pflanzendecke nimmt der CO_2-Gehalt der Atmosphäre ab, das Klima wird kühler.

Das Landleben erfordert eine höhere Leistungsfähigkeit des pflanzlichen und tierischen Körpers. Es kommt zu einer Differenzierung der

Die Kollision von Gondwana und Laurasia im mittleren Paläozoikum führte zur variszischen Gebirgsbildung, die auch diese Sandsteine aus dem Devon in Südwales verformte.

Zellen zu verschiedenen Zelltypen; neue Fortpflanzungsmechanismen und Fortbewegungsweisen entstehen. Gleichzeitig bedeutet die Besiedlung der Kontinente auch deren Umgestaltung. Völlig neue ökologische Lizenzen bieten der Evolution neue Möglichkeiten.

Eine erste Radiation der Knochenfische brachte im Devon die Strahlenflosser und die Fleischflosser als gut unterscheidbare Gruppen hervor. Bei den Fleischflossern lassen sich Vertreter der Lungenfische, Quastenflosser und der Amphibienvorfahren, der Labyrinthodontia, unterscheiden. Bei den Strahlenflossern, deren gemeinsames Kennzeichen paarige Flossen sind, die von radial angeordneten kräftigen Strahlen gestützt werden, traten zuerst die Knorpelganoiden auf, die im Erdmittelalter weitgehend von den Knochenschmelzschuppern verdrängt wurden. Das Süßwasser, in dem die Echten Knochenfische entstanden sind, bietet mit Flüssen, Bächen, Seen, unterirdischen und zeitweise austrocknenden Gewässern zahlreiche Biotope, die eine Vielfalt von Lebensbedingungen aufweisen und zum Teil wirksame Isolationsmechanismen darstellen. Als einige Knochenfischgruppen schließlich das Meer besiedelten, setzten sie sich äußerst erfolgreich gegen die dort lebenden Knorpelfische, Haie und Rochen durch, ohne diese aber im Gegensatz zu den meisten Kieferlosen bis heute zu verdrängen.

Dunkleosteus war im Oberdevon einer der größten Vertreter der Placodermen. Die Placodermen zählen zu den ältesten kiefertragenden Fischen, den Kiefermäulern oder Gnathostomen.

Gegen Ende des Devons kommt es erneut zu einem Massenaussterben, dem zweiten nach jenem zwischen Ordovizium und Silur. Zu den Ursachen zählt man eine Klimaabkühlung infolge CO_2-Abnahme in der Atmosphäre sowie eine durch die Ausbreitung der Vegetation verursachte Überdüngung des Meeres.

Die Sumpfwälder des Karbons

Riesige Farnwälder mit Schachtelhalmen, Schuppen- und Siegelbäumen bedecken im Karbon das Land. Die ersten Reptilien emanzipieren sich weitgehend vom Wasser, und geflügelte Insekten entwickeln sich. Die Insekten erobern als erste Tiere den Luftraum, bevor in späteren Zeiten auch bei Vögeln, Flugsauriern und Fledermäusen unabhängig voneinander die Flugfähigkeit entsteht. Amphibien, Libellen, Schaben und Tausendfüßer bilden zum Teil Riesenformen aus. Gegen Ende des Karbons erscheinen die ersten Nadelbäume. Durch die ausgedehnten Wälder erhöht sich der Sauerstoffgehalt der Atmosphäre immer weiter und erreicht im Oberkarbon mit 35 Prozent einen Wert, der in der Erdgeschichte nie mehr erreicht wird.

Karbonzeitliche Kohlelagerstätten gibt es von Großbritannien über China bis nach Nordamerika, weshalb man auch vom Steinkohlenzeitalter spricht. In den äquatornahen Ebenen und Flusstälern entwickelte sich bis zum Oberkarbon eine üppige Flora. Blütenpflanzen mit Laub- und Nadelbäumen fehlten, während die Sporenpflanzen teilweise von riesigem Wuchs waren. Farne erreichten Baumgröße. Schuppenbäume oder Lepidodendren waren holzige Bäume mit einem Stammdurchmesser von zwei Metern, deren Rinde im Vergleich zum Holzkern relativ dick war, was sie leicht umstürzen ließ. Auch die Siegelbäume oder Sigilarien mit schopfartig angeordneten, langen und schmalen Blättern wurden über 30 Meter hoch. Die Calamiten, Verwandte der heutigen Schachtelhalme, wuchsen aus unterirdischen Wurzelstöcken. Ihre Stängel besaßen dicke Markkerne. Die riesigen, sehr dichten Wälder mit reichem

Annularia war ein Schachtelhalm, dessen Riesenformen neben den Bärlappen sowie den Baum- und Samenfarnen die Wälder der Steinkohlenzeit bildeten.

Die Vorfahren der **Insekten** lebten schon vor knapp 400 Millionen Jahren. Fossilien aus dem frühen Devon ähneln verblüffend den heutigen ungeflügelten Springschwänzen. Diese frühen Insekten haben sich schon im Meer von anderen Gruppen der Gliederfüßer getrennt und eigene Wege verfolgt. Insekten, Spinnen und Tausendfüßer erobern das Land, die Krebstiere bleiben im Wasser und bringen dort eine große Artenvielfalt hervor. Aus der Karbonzeit kennt man neben ungeflügelten Silberfischchen und Felsenspringern auch Schaben, Libellen und Eintagsfliegen. Im Zeitraum von 80 Millionen Jahren entwickeln die Insekten eine überraschende Vielfalt an Formen und erobern den Luftraum mit allen zugehörigen Anpassungen wie Flügeln, Flugmuskulatur und einem leistungsfähigen Tracheensystem zur Sauerstoffversorgung. Da es keine Fossilfunde gibt, die eine Brücke zwischen flügellosen und geflügelten Formen bilden, lässt sich nur spekulieren, wie sich auf der Rückenseite die Ausstülpungen des Chitinpanzers zu häutigen Flügel entwickelt haben.

Unterholz bildeten große organische Schichten aus Laub und umgestürzten Bäumen, die nach Überschwemmungen von Schlamm- und Sandablagerungen zu oft meterdicken Torflagen zusammengepresst wurden. Mit jeder Überschwemmung und jeder Wachstumsperiode kamen neue Schichten hinzu, die oft zu mehreren Hundert Metern heranwuchsen. Im sauerstoffarmen Sumpfwasser vertorften die Pflanzenreste immer mehr, wurden zu Braunkohle und schließlich unter dem Druck von häufig tausend Metern Deckgebirge zu Steinkohle.

Der Südkontinent Gondwana wird durch die variszische Gebirgsbildung immer mehr mit Eurasia verknüpft, bis schließlich als einheitliche Landmasse der Superkontinent Pangäa entsteht, der im anschließenden Perm vollständig ausgebildet wird. Große Gebiete liegen im Äquatorbereich, was die weite Verbreitung der Steinkohlenwälder erklärt. Dagegen kommt es in den Polgebieten zu einer immer stärkeren Vereisung, die sich bis in das Perm hinein fortsetzt.

Perm – das Klima wird trockener

Das Perm ist zunächst die Zeit der großen Baumfarne und der Beginn der Entfaltung der Saurier. Nadelhölzer werden häufiger, in wärmeren Regionen entstehen die gut an Trockenheit angepassten Ginkgopflanzen. In den trockenheißen Gebieten entwickeln sich Käfer, Hautflügler und Schmetterlinge, zahlreiche neue Gruppen von Reptilien entstehen. Aus einer von letzteren werden sich später die Säugetiere entwickeln, aus einer anderen die Vögel. Im Meer stellen die Armfüßer, die Brachiopoden und die Ammoniten den Hauptteil der Tierwelt.

Während am Anfang des Perms die Amphibien noch auf dem Höhepunkt ihrer Entwicklung waren, sterben sie gegen Ende des Perms bis auf die Vorfahren der heutigen Salamander und Frösche aus. Zwei Ursa-

Dimetrodon aus dem frühen Perm war eines der ersten Landwirbeltiere, das in der Lage war, andere große Räuber zu töten. Sein Rückensegel diente wahrscheinlich zur Regulierung der Körpertemperatur.

chen sind dafür verantwortlich: Zum einen erweisen sich die Reptilien als überlegene Konkurrenten, zum anderen ist das immer trockener werdende Klima für Amphibien, deren Larvalentwicklung auf das Wasser angewiesen ist, denkbar ungeeignet. Mit der Entstehung des Superkontinents Pangäa und einem Tiefstand des Meeresspiegels kommt es zu einem insgesamt trockeneren Klima. Im heißen Wüstenklima verdunstet ein Großteil der Flachmeere und Seen und lässt mächtige Gips-, Steinsalz- und Kalisalzlager zurück. Als Folge der zunehmenden Aridität gehen die Wälder immer mehr zurück.

Vor 251 Millionen Jahren endet das Perm und mit ihm das Paläozoikum mit einer Katastrophe – dem größten Massensterben im Phanerozoikum. Zwischen 70 und 90 Prozent aller Arten sterben aus, darunter die letzten Trilobiten, die Riesen-Gliederfüßer und die Urlibellen.

Die Entwicklung der Pflanzen

Die stammesgeschichtliche Forschung lässt zwar noch viele Fragen offen, doch gilt heute als sicher, dass es kein mehr oder weniger einheitliches Pflanzenreich gibt, das dem Tierreich gegenüberzustellen wäre. Zum Reich der Pflanzen mit über 500 000 Arten zählt man vielzellige, zur Fotosynthese fähige Organismen mit Generationswechsel. Von ihnen

Pilze nehmen im Reich der Lebewesen innerhalb der Eukaryoten eine isolierte Stellung ein. Sie haben wie die Einzeller oder Protisten eine von den Pflanzen und Tieren sehr verschiedene stammesgeschichtliche Entwicklung durchlaufen.

grenzt man Rotalgen, Braunalgen und Grünalgen ab, die man unabhängig davon, ob sie ein- oder vielzellig sind, dem Reich der Protisten zuordnet. Spricht man von Algen, weiß auch ein Laie, was in etwa gemeint ist. Allerdings spiegelt der Begriff Algen nicht die Stammesgeschichte dieser Organismen wider. Und auch die Pilze, die für viele Laien eben Pflanzen sind, nehmen eine isolierte Stellung ein. Pilze unterscheiden sich in vielen molekularen Besonderheiten von den Pflanzen und stehen dem Reich der Tiere wohl näher. Pilze und Tiere haben einen gemeinsamen Vorfahren, der nicht zugleich auch der Ahne der Pflanzen ist.

Der Ursprung der Landpflanzen ist wahrscheinlich am Rand von Süßwassertümpeln zu suchen, wo ihre aquatischen Vorgänger es vor rund 450 Millionen Jahren geschafft haben, sich an Land fortzupflanzen. Wahrscheinlich gab es ausgehend von der Spritzwasserzone mehrere Anläufe für ein Leben außerhalb des Wassers, und vermutlich scheiterten alle bis auf eine kleine Gruppe, die schließlich zur Basis der Landflora wurde. Die genauen Vorgänge der Landpflanzenentwicklung sind nicht bekannt, biochemische Gemeinsamkeiten, beispielsweise gemeinsame Fotosynthesepigmente oder der Speicherstoff Stärke, belegen aber, dass die Vorfahren der Landpflanzen in der Gruppe der Grünalgen, genauer der Armleuchteralgen zu suchen sind. Grünalgen sind aus Zellfäden aufgebaut, bilden aber auch kompakte gewebeartige Lagerformen, bei denen der flächige Thallus beim Trockenfallen dem Untergrund aufliegt. Eine Anschauung zum Übergang im Wasser lebender Pflanzen auf das Festland bietet heute die Gezeitenzone der Meeresküsten. Dort leben selbst große Tange, die stundenlanges Trockenliegen während der Ebbe problemlos bewältigen.

Schlüsselereignisse in der Pflanzenevolution

Ein Vergleich der ökologischen Bedingungen von Wasser- und Landpflanzen zeigt, welche konstruktiven Veränderungen beim Übergang vom Wasser auf das Land für Pflanzen erforderlich waren. Bei Landpflan-

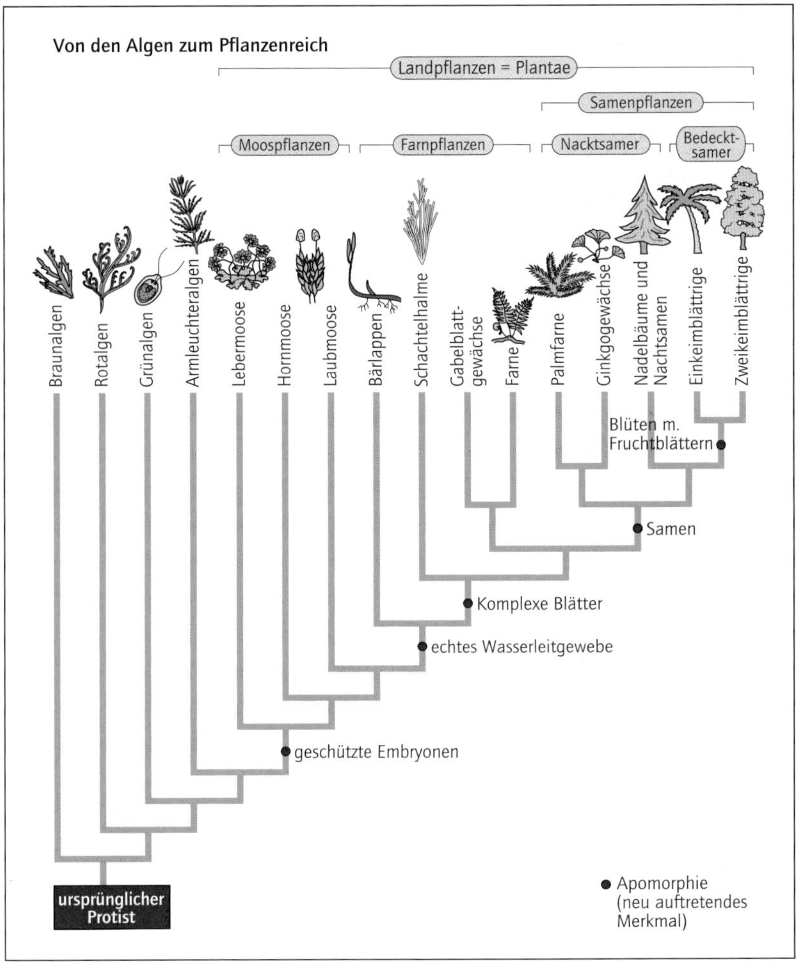

Von den Algen zum Pflanzenreich.

zen sind die Faktoren, die sie zum Leben brauchen, räumlich voneinander getrennt. Der Boden liefert Wasser und Mineralsalze, während Licht nur den oberirdischen Pflanzenteilen zur Verfügung steht. Der Übergang vom Wasser auf das Land erforderte also neue Eigenschaften, die Wasserpflanzen nicht benötigen. Es kommt bei Landpflanzen zu einer Differenzierung in ein unterirdisches Wurzelsystem für Verankerung, Wasser- und Ionenaufnahme und einen oberirdischen Vegetationskörper für die Fotosynthese. Ein Wasserleitungssystem aus in Leitbündeln zusammengefassten Gefäßen verteilt das von den Wurzeln aufgenommene Wasser im gesamten Pflanzenkörper. Eine Wasser abweisende Cuticula schränkt den Wasserverlust durch Transpiration ein, Spaltöffnungen in den Blättern ermöglichen eine Regulation des Gasaustausches mit der Luft. Der Pflanzenkörper wird durch den Turgordruck der Zellen stabilisiert, Festigungsgewebe und – bei Sträuchern und Bäumen – der Holzstoff Lignin stützen zusätzlich und ermöglichen einen hohen Wuchs.

Erste Landpflanzen

Die ersten Landpflanzen, die an der Grenze vom Silur zum Devon entstanden sind, waren die Nacktfarne oder Psilophyten. Cooksonia und Rhynia, die ältesten bekannten Landpflanzen, waren typische Mosaikformen. Die blattlosen, gabelig verzweigten Sprosse und die wurzelähnlichen Rhizoide ohne Wasserleitgefäße sind Algenmerkmale. Merkmale von Landpflanzen sind dagegen Leitbündel und die mit einer Cuticula überzogene Epidermis, in der Spaltöffnungen eine Regulierung des Gasaustausches ermöglichen. Dabei sind die Spaltöffnungen der mitteldevonischen Flora je nach Standort schon differenziert gebaut. Bei Rhynia weisen die sehr einfach gebauten moosähnlichen Spaltöffnungen auf einen feuchten Standort hin, während Asteroxylon mit seinen komplizierten Spaltöffnungen eher in einem Trockenbiotop zu Hause war.

Vermutlich gehen die großen systematischen Gruppen der Landpflanzen auf gemeinsame Vorfahren im Silur zurück. Die ursprünglichsten Vertreter sind die Moose, die sich sehr früh in die drei Äste der Horn-

Ob der rezente Nacktfarn Psilotum nudum den ursprünglichen Psilophyten nahesteht oder ob er einer sekundär reduzierten Entwicklungslinie höherer Farne angehört, ist umstritten.

moose, Lebermoose und Laubmoose aufgespaltet haben. Infolge der spärlichen Fossilfunde kann aber nicht beurteilt werden, ob sich die Moose von ersten rhyniaähnlichen Nacktfarnen ableiten oder ob sie sich aus einer Grünalgengruppe entwickelten. Im letzteren Fall hätten sie als zweite Landpflanzengruppe eine Parallelevolution zu den höherentwickelten, in Sprossachse, Blatt und Wurzel gegliederten Kormophyten durchlaufen. Die ältesten bekannten fossilen Moose aus dem Oberkarbon gehören zu den Lebermoosen.

Im Konkurrenzkampf um das Sonnenlicht im dichter werdenden Bewuchs an Land entstand mehrfach unabhängig voneinander bei verschiedenen Pflanzengruppen der **Baum als Konstruktionstyp**. Die ersten Baumgestalten vor 380 Millionen Jahren überragen als Einzelindividuen die umgebende Vegetation. Im oberen Devon vor 360 Millionen Jahren bilden sich erste Wälder aus Schachtelhalmen, Bärlappgewächsen und Farnen. Die artenreichen Sumpfwälder des Karbons werden abgelöst von Nadelbaumwäldern und diese wiederum in der Kreidezeit von Laubwäldern. Palmengewächse und zahlreiche bedecktsamige Blütenpflanzen wie Magnolien, Buchen- oder Rosengewächse bringen Bäume hervor.

Nachdem der Übergang auf das Land mit den notwendigen Anpassungen vollzogen war, kam es bei den Farnen zu einer adaptiven Radiation. Verfestigte Sprosse mit einem leistungsfähigen Wasserleitungssystem, echte Wurzeln und Blätter mit Spaltöffnungen sowie Festigungsgewebe ermöglichten ihnen Größenzunahme und aufrechten Wuchs. In der Steinkohlenzeit, dem Karbon, bildeten Farne zusammen mit den Bärlappgewächsen und Schachtelhalmen mächtige Sumpfwälder. Schuppenbäume wie Lepidodendron wurden 35 Meter hoch und besaßen einen Stammdurchmesser von bis zu zwei Metern. Ihr Gefäßsystem war verglichen mit den erdgeschichtlich jüngeren Bäumen der Samenpflanzen wenig leistungsfähig. Als zu Beginn des Perms das Klima arider wurde und die Karbonsümpfe austrockneten, starben die Schuppenbäume daher aus. Mit Ausnahme der eigentlichen Farne in den tropischen Nebelwäldern, wo es heute noch Baumfarne gibt, sind die übrigen Vertreter der Farnpflanzen lediglich krautige Reliktformen der rezenten Flora.

Für den weiteren Verlauf der Evolution der Landpflanzen ist das Fortpflanzungsgeschehen bei den Farnen von Bedeutung. Sie entwickeln sich in einem Generationswechsel aus einer ungeschlechtlichen Generation, dem diploiden Sporophyten, der eigentlichen Farnpflanze, und aus einer geschlechtlichen Generation, dem haploiden Gametophyten, der in männlichen und weiblichen Geschlechtsorganen bewegliche Spermatozoiden und Eizellen ausbildet. In einem Wassertropfen schwimmend gelangen die Spermatozoiden zu den Eizellen.

Die Entstehung der Blüte

Einer der wichtigsten Vorgänge in der Geschichte der Pflanzen ist die Entstehung von Blüten, in denen Samen gebildet werden. Pflanzen mit diesen Merkmalen werden als Blüten- oder Samenpflanzen zusammengefasst. Sie haben sich aus Farnpflanzen entwickelt. Dabei wurde der Gametophyt zugunsten des Sporophyten stark reduziert. Die ältesten Fossilien von Samenpflanzen stammen aus dem Devon.

Vor 360 Millionen Jahren tauchen im Devon erstmals Pflanzen mit deutlich reduziertem Gametophyten auf. Die grüne Pflanze ist der Sporophyt, auf dem sich in der Samenanlage der weibliche Gametophyt bildet. Der männliche Gametophyt entwickelt sich beim Auskeimen im Pollen. Während Farne durch ihre Fortpflanzung mit Spermatozoiden auf Wasser angewiesen sind, werden die höher entwickelten Samenpflanzen durch den Besitz von Pollen unabhängig vom Wasser. Der Pollen, der die männliche Keimzelle enthält, gelangt durch Wind oder Tiere auf die weibliche Blüte. Die Zygote und später der heranreifende Embryo wird

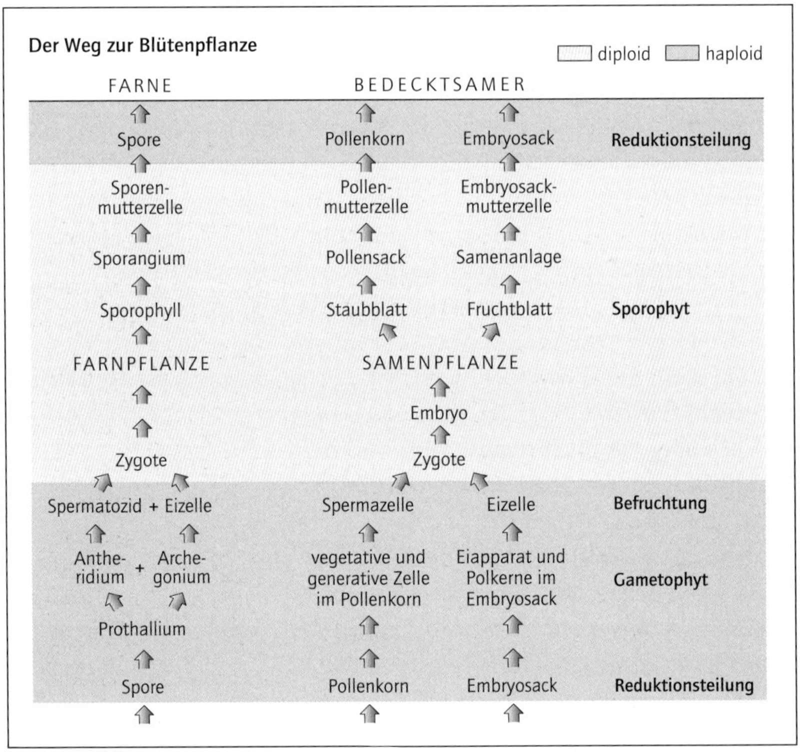

Der Weg zur Blütenpflanze. Generations- und Kernphasenwechsel bei Farnen und Bedecktsamern im Vergleich.

von der Mutterpflanze versorgt, bis er als fertiger Samen freigesetzt wird. Mit Reservestoffen und einer schützenden Samenhülle ausgestattet, ist er resistent gegen Trockenheit, Kälte und andere ungünstige Bedingungen.

Bereits vor 100 Millionen Jahren, zur Kreidezeit, existierten 50 Familien von Samenpflanzen. Heute unterscheidet man zwei Gruppen:

Nacktsamer oder Gymnospermen besitzen Samenanlagen, die ohne Umhüllung auf einer Fruchtschuppe liegen und durch den Wind mit Pollen bestäubt werden.

Zu den Nacktsamern gehören die Palmfarne, eine stammesgeschichtlich sehr alte Gruppe, die noch Spermatozoide besitzt, der Ginkgobaum und alle Nadelbäume. Die borealen Nadelwälder am Rand der Arktis bestehen fast ausschließlich aus Nacktsamern.

Bei der zweiten Gruppe, den Bedecktsamern oder Angiospermen, ist die Samenanlage von Fruchtblättern umhüllt. Die Eizelle ist im Fruchtknoten verborgen und der männliche Spermakern kann nur über Narbe und Griffel zu ihr gelangen. Ist Pollen auf die Narbe gelangt, wächst ein Pollenschlauch zur Samenanlage, der den Spermakern zur Eizelle befördert. Nach der Befruchtung bildet der heranreifende Samen sehr schnell Nährgewebe für den Embryo, der im Fruchtknoten vor Austrocknung, Pilzinfektion und Insektenfraß geschützt ist. Aus dem Fruchtknoten – oft zusammen mit anderen Blütenteilen – entsteht die Frucht. Samen, Frucht und querwandlose Wasserleitgefäße bedeuteten einen erheblichen Selektionsvorteil. Daher sind die Bedecktsamer heute die verbreitetste und artenreichste Pflanzengruppe auf der Erde.

Nach der Anzahl der Keimblätter in den Samen unterscheidet man zwischen den Einkeimblättrigen mit Orchideen, Palmen, Lilien und Gräsern und den Zweikeimblättrigen, zu denen die meisten Wiesenblumen, Kräuter und Laubbäume zählen.

Palmfarne oder Cycadeen sind weder Farne noch Palmen. Vom Habitus her erinnern sie einerseits an Farnpflanzen und andererseits an Palmen, die zu den Bedecktsamern zählen, tatsächlich aber sind sie viel enger mit dem Ginkgobaum und den Nadelbäumen verwandt. Sie bilden Samenanlagen und Pollen in zapfenähnlichen Sprossen auf getrennten männlichen und weiblichen Pflanzen. Die bei beiden Geschlechtern stark reduzierten Gametophyten wachsen aus den Sporen direkt in den weiblichen und männlichen Zapfen des Sporophyten. Während die Farne zur Befruchtung noch auf freies Wasser angewiesen sind, haben die Palmfarne dieses Problem anderweitig gelöst. Die Samenanlage scheidet ein Flüssigkeitströpfchen aus, in dem die herangewehten Mikrosporen hängen bleiben. Beim Eintrocknen werden sie dann in eine Pollenkammer eingesogen, wo frei bewegliche Spermatozoide ausschlüpfen, die zur Eizelle schwimmen.

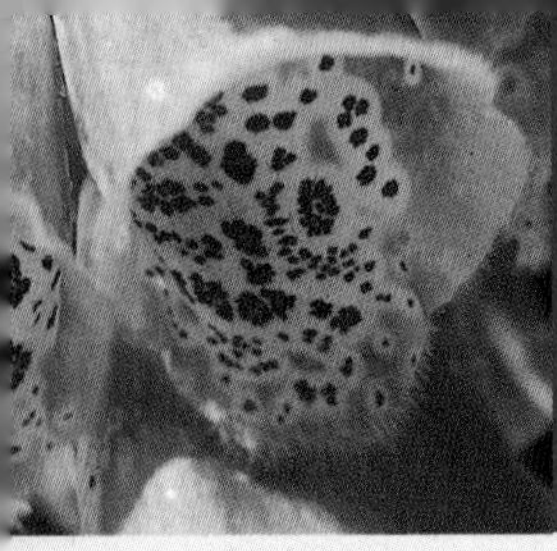

BESTÄUBUNGSMECHANISMEN

Zwei grundverschiedene Strategien sichern die Befruchtung. Der ursprüngliche Bestäubungsmechanismus setzt auf den Wind. Der ist allerdings nicht zielgerichtet, sodass von der Pflanze zur Sicherheit gewaltige Mengen Blütenstaub gebildet werden müssen. Windblütler haben daher viel mehr männliche als weibliche Blüten. Der Landeplatz des Pollens, die Narbe, ist durch fiedrige Verästelung vergrößert; klebrige Flüssigkeit hält den herangewehten Pollen fest. Störende Pflanzenteile wie Laub- oder gar Kronblätter sind um die weibliche Blüte herum fehl am Platz.

In windarmen Lebensräumen wie beispielsweise im Regenwald nützen selbst größte Mengen Pollen wenig. Eiweißreicher Pollen jedoch wird von Tieren wie Insekten, Vögeln oder Fledermäusen gern gefressen. Vom überreichen Pollen kann die Pflanze eine gewisse Menge abgeben, ohne die Fruchtbarkeit und Nachkommenschaft zu gefährden. Im Gegenteil, das Angebot hilft Besucher anzulocken und erhöht dadurch die Bestäubungswahrscheinlichkeit. Je auffälliger sich Schauapparate und andere Lockmechanismen entwickeln, desto erfolgreicher ist die Fortpflanzung. Heute werden die meisten Bedecktsamer, die mit mehr als einer viertel Million Arten die Mehrheit der Landpflanzen ausmachen, von Insekten und anderen Tieren bestäubt.

Prächtig gefärbte Blütenblätter können das Interesse von Insekten auch aus großer Entfernung wecken. Bei der Nahorientierung helfen zusätzlich Düfte. Ob die Blütenbesucher nun eiweißreichen Pollen, zuckerhaltigen Nektar, manchmal auch Öl erhalten oder durch Mimikry unfein getäuscht werden, hängt von der Pflanzenart ab. Entscheidend für diese ist nur die Übertragung des Pollens von der männlichen auf die weibliche Blüte. Das Erfolgsrezept dabei ist, dass beide Geschlechter in einer Blüte vereint sind. In der zwittrigen Blüte lädt jeder Besucher gleichzeitig fremden Pollen ab und nimmt neuen mit.

Irgendwann vor 100 bis 70 Millionen Jahren kam es durch immer neue Variationen von Kronblättern zu einer großen Radiation unter den Bedecktsamern. Zahllose verführerische Düfte und auffällige Farben wurden gebildet, die Welt wurde bunt.

Dabei ist die Farbenwelt der Insekten eine etwas andere als unsere. Ihre Farbempfindlichkeit ist zum blauen Bereich des Farbenspektrums hin verschoben. Sie können zwar UV-Licht sehen, sind aber blind für den Rotbereich. Deshalb sieht beispielsweise eine Biene die Sonnenblume nicht gelb, sondern wahrscheinlich purpurfarben, wenn man das überhaupt so sagen darf.

Von Koevolution sprechen die Fachleute, wenn sie die verblüffenden anatomischen Beziehungen zwischen einem Insekt und einer Blütenpflanze beschreiben. In Jahrmillionen haben sich die Anpassungen beispielsweise zwischen einer Honigbiene und einer Wiesensalbeiblüte zu wechselseitigem Nutzen perfektioniert. Den zuckerhaltigen Saft saugt die Biene mit ihrem leckend-saugenden Mundwerkzeug sowie mit einem fein behaarten Rüssel auf. In einem speziellen Honigmagen bewahrt sie ihn auf, bis sie zu ihrem Bienenstock zurückkehrt. Die Beine der Honigbiene besitzen spezielle Körbe und Bürsten für den Pollentransport. Da aber immer irgendwo außen an ihrem Körper Pollenkörner hängen bleiben, ist die Bestäubung der nächsten besuchten Salbeiblüte gesichert. Beide Arten, Honigbiene und Wiesensalbei, profitieren also von der durch wechselseitige Anpassung entstandenen Beziehung.

Schließlich entstehen hochgradig komplexe Blütenformen, die nur ganz bestimmten Insektenarten den Zugang zum Blüteninnern gestatten, sodass man mit Recht von Falterblumen, Käferblumen, Hummelblumen und vielen anderen spricht. ■

Beispiel für Koevolution: Die tiefen Blütenröhren des Fingerhuts sind auffällig gefärbt und zeigen gegen das Röhreninnere zu deutlich umrandete Farbflecken. Der vordere Teil der Blütenröhre ist als Landestelle für Insekten ausgebildet. Auf der Suche nach Nektar kriechen Honigbienen und andere Insekten entlang den Farbmalen in die Blütenröhre.

Der Aufstieg der Wirbeltiere

Der Stamm der Wirbeltiere leitet sich von einfach organisierten, im Wasser lebenden Tieren ab, bei denen ein biegsamer elastischer Rückenstab, die Chorda dorsalis, als Stütze diente. Das Lanzettfischchen, ein Meeresbewohner, ist ein heute lebendes Chordatier, das mit vielen ursprünglichen Merkmalen den Wirbeltiervorfahren sehr ähnlich ist. Zu den ursprünglichen Chordatieren zählen die Manteltiere wie die Seescheiden und die Schädellosen oder Acrania wie das Lanzettfischchen. Die Schädellosen, denen eine Wirbelsäule noch fehlt, sind auch hinsichtlich ihrer Organe noch sehr einfach strukturiert. Als Herzersatz dient eine kontraktile Schlagader, als Hautersatz ein einschichtiges Abschlussgewebe.

Wirbeltiere werden vielfach auch Schädeltiere, Craniota, genannt, denn die Schädelbildung ist das eigentliche Schlüsselmerkmal dieser

Kladogramm der Wirbeltiere: Jeder neue Ast ist durch mindestens ein abgeleitetes, apomorphes Merkmal definiert.

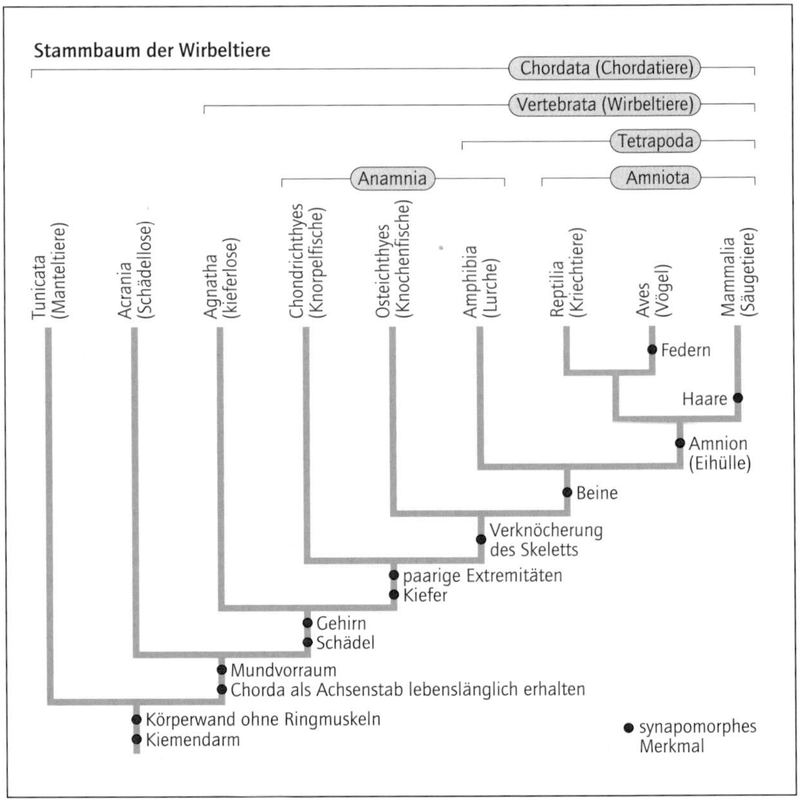

Gruppe, zu der Fische, Lurche, Kriechtiere, Vögel und Säuger gehören. Die ältesten Schädeltierfossilien, die wir kennen, stammen von fischartigen, kieferlosen Tieren, die schon im Kambrium mit zahlreichen Arten ihre Blütezeit hatten. Die Kieferlosen oder Agnatha hatten zwar keine Kiefer, dennoch aber Zähne, die frei im Maul saßen. Das Ende der Kieferlosen kam mit dem Auftreten der Kiefermäuler, der Gnathostomata. Deren bewegliche, die Mundöffnung umfassende Kiefer eröffneten neue Möglichkeiten, Beute festzuhalten. Die ersten Kiefermäuler waren die Panzerfische, die bereits im Silur auftauchten und im Devon die Meere beherrschten.

Skelettbildung

Knochen als tragfähiges Gerüst kennt man erstmals aus dem Ordovizium. Vor 500 Millionen Jahren lebten kieferlose, gepanzerte Fische, die Ostrakodermen, mit festen äußeren Knochenplatten, welche den vorderen Teil des Tieres oberflächlich bedeckten. Während des Devons mussten sie der Konkurrenz der Panzerfische weichen. Zwei Neuerungen gewährleisteten deren Erfolg: zahntragende Kieferknochen und zwei Paar Flossen mit knöcherner Stütze als Innenskelett. Damit erschlossen sich die Panzerfische neue Nahrungsquellen und erlangten eine größere Beweglichkeit. Im Laufe der Zeit verknöcherte bei den meisten die Wirbelsäule. Die Gruppe der Knorpelfische, zu denen Rochen und Haie zählen, verlor die Fähigkeit zur Ausbildung echter Knochen sekundär wieder. Während die Panzerfische bald nach Ende des Devons verschwanden, blieben die Knorpelfische die ganze weitere Erdgeschichte hindurch im Meer vertreten. Haie und Rochen sind also alles andere als primitive Fische, wenn sich auch aus ihnen keine weitere Wirbeltiergruppe ableitet. So ist beispielsweise die Hälfte der etwa 350 Hai-Arten lebend gebärend. Der Riffhai bildet gar plazentaähnliche Strukturen aus, wie sie sonst nur noch bei den höheren Säugetieren angetroffen werden.

Im Silur lebten nur wenige Arten urtümlicher Fische. Die anschließende Epoche des Devon dagegen gilt als »Zeitalter der Fische«. Die Fischgruppe, aus der sich die Landwirbeltiere oder Tetrapoda als monophyletische Gruppe entwickelten, waren die Fleischflosser, zu denen Lungenfische und Quastenflosser zählen. Ihre Merkmale erwiesen sich als Prädispositionen für das Landleben: paarige Fischlungen, innere Nasenöffnungen sowie muskulös-fleischige Brust- und Bauchflossen.

Lungenfische

Lungenfische gelten als die nächsten Verwandten der Vierfüßer. In den Flüssen im tropischen Osten des australischen Queensland lebt heute noch der Australische Lungenfisch unter Umweltbedingungen, ähnlich denen im Devon vor knapp 400 Millionen Jahren. Das Wasser ist warm und sauerstoffarm, und hin und wieder trocknet das Flussbett bis auf wenige tiefe Kolke vollständig aus. Für einen normalen Fisch ist eine solche Umgebung tödlich, nicht aber für einen Lungenfisch. Über innere Nasenöffnungen kann er atmosphärische Luft atmen, und je wärmer und damit sauerstoffärmer das Wasser wird, desto schneller atmet er. Sogar im frischen Süßwasser kommt der Fisch regelmäßig an die Wasseroberfläche, um nach Luft zu schnappen. Der Lungenfisch besitzt einen unpaaren Lungensack, der an der Bauchseite des Vorderdarms entspringt, dann aber sekundär auf die Rückenseite verlagert liegt. Zum Schwimmen bewegt der Fisch seine paddelförmigen Brust- und Bauchflossen über Kreuz wie ein Vierfüßer, und hin und wieder wischt er sich mit ihnen ähnlich einem Salamander über den Kopf. Obwohl er seine gliedmaßenähnlichen Flossen am Gewässergrund wie Beine benutzt, sind sie außerhalb des Wassers nicht kräftig genug, um ihn zu tragen. Daher geht der Australische Lungenfisch auch nicht an Land, und in trockener Luft stirbt er in wenigen Stunden.

Dass Schwimmblase und Lunge homologe Organe sind, wusste schon Darwin. Seine Schlussfolgerung aber, dass die Lungen der Landwirbeltiere umgewandelte Schwimmblasen seien, ist nicht richtig. Vielmehr haben sich die Schwimmblasen früher Knochenfische, die in flachen

Der australische Lungenfisch taucht aus seinen tropischen Gewässern regelmäßig auf, um atmosphärische Luft zu atmen.

sauerstoffarmen Gewässern lebten, aus Lungen entwickelt. Als deren Nachfahren später in tiefere Gewässer abwanderten, das Atmen atmosphärischer Luft also unnötig wurde, wurden die Lungen zu einem hydrostatischen Organ umgewandelt, das den Auftrieb regelt, – der Schwimmblase.

Vom Wasser an Land

Der Übergang vom Wasser- zum Landleben erforderte eine Reihe tiefgreifender Strukturänderungen: Stabilisierung des Skeletts, veränderte Bewegung, Austrocknungs- und UV-Schutz sowie eine andersartige Atmung, Ausscheidung und Fortpflanzung.

Mit zahlreichen Fossilien aus dem Devon sind die ersten Schritte an Land, der Übergang von wasserlebenden Fischen zu Landwirbeltieren vor etwa 390 bis 360 Millionen Jahren, belegt. Der Fleischflosserfisch Eusthenopteron lebte in flachen, sauerstoffarmen Süßgewässern Schottlands. Lungen als zusätzliche Atmungsorgane, muskulöse Stützflossen mit knöchernem Skelett und ein Hautpanzer als Verdunstungsschutz ermöglichten ihm, bei Eintrocknen eines Gewässers ein anderes aufzusuchen. Tiktaalik, ein Fossilfund aus Kanada, hatte Brustflossen, dessen Skelett zum Abstützten des Körpers deutlich besser geeignet war als bei Eusthenopteron. Seine längeren Rippen ermöglichten dem Rumpf, an Land seine Form beizubehalten. Acanthostega, ein Fossil aus Grönland, war schon Vierfüßer, doch dienten die Beine eher zum Schwimmen als zum Laufen. Alle drei Fossilien belegen, dass Luftatmung und Beine als typische Merkmale der Landwirbeltiere bereits im Wasser entstanden sind. Ichthyostega, ebenfalls aus Grönland, besaß mit Schwanzflosse und Schuppen ursprüngliche Fischmerkmale, mit mehrzehigen Beinen sowie Lungen- und Hautatmung statt der Kiemenatmung aber typische Amphibienmerkmale. Ein vergrößertes Schulterblatt und Becken boten kräftigen Muskeln einen Ansatzpunkt, sodass das Tier zu gelegentlichen Landausflügen fähig war. Ichthyostega kann daher mit Recht als Urtetrapode gelten.

Wie aber wurden aus Flossen Hände und Füße? Ergebnisse aus der Entwicklungsbiologie zeigen, dass Hände und Füße evolutive Neubildungen sind. Während Ober- und Unterarm der Knochenfische und Landwirbeltiere homolog sind, werden im Verlauf der Embryonalentwicklung Hände und Füße aus Stammzellgruppen gebildet, die bei Fischen nicht vor-

Übergang von wasserlebenden Fischen zu Landwirbeltieren.

Von der Flosse zum Bein

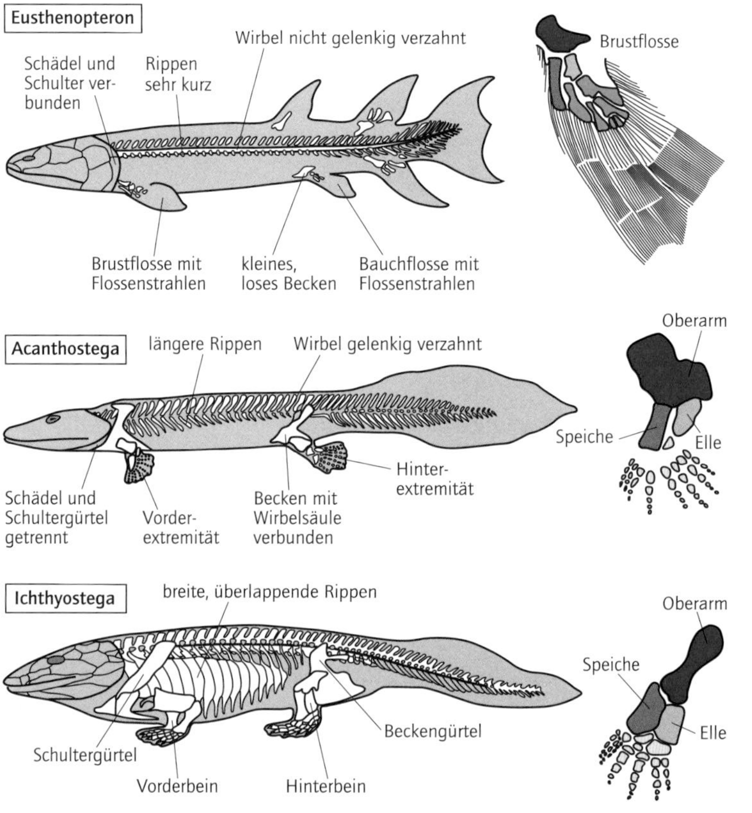

kommen. Handwurzel- und Fingerknochen bzw. Fußwurzel und Zehenknochen sind also den Flossen der Fische nicht homolog, sondern gehen aus apomorphen Strukturen hervor, die beim Fisch-Tetrapoden-Übergang als neue Bauteile entstanden sind.

Die Eroberung des Landes war also ein Prozess, der sich über viele Millionen Jahre erstreckt haben muss. Der Selektionsdruck hin zum Landleben entstand vermutlich aus der Not, zeitweise austrocknende Gewässer verlassen zu müssen. Auf jeden Fall aber fanden die ersten Landwirbeltiere einen für sie konkurrenzlosen Lebensraum mit zahlreichen bislang ungenutzten ökologischen Nischen vor. Es gab noch keine größeren Landtiere als Feinde, und das Futterangebot mit Pflanzen, Würmern, Schnecken und frühen Insekten war reichlich.

Lurche

Die Nachkommen der ersten Landwirbeltiere, die Lurche, sind bis heute an feuchte Lebensräume gebunden. Ihre Haut darf nicht völlig austrocknen, zur Fortpflanzung müssen die meisten Arten das Wasser aufsuchen, und auch die Kiemenatmung ihrer Kaulquappen ermöglicht kein ausschließliches Landleben in trockenen Regionen.

Während Karbon, Perm und Trias erlebten die Amphibien einen Höhepunkt ihrer Entwicklung. Mit den Dachschädlerlurchen bringen sie wahre Riesen hervor. Mit bis zu vier Meter Länge sind die im und am Wasser lebenden Mastodonsaurier die größten Lurche aller Zeiten. Sie waren typische Sumpfbewohner mit kurzen, schwachen Gliedmaßen, die sich kaum zum Laufen an Land eigneten. Aus Süddeutschland kennt man von Kupferzell bei Schwäbisch Hall zehn vollständig erhaltene, bis zu eineinhalb Meter lange Schädel des Mastodonsauriers aus der oberen Trias, dem Keuper. Im riesigen Gebiss stecken mächtige kegelförmige Fangzähne. Mit ihnen machten die Urlurche einst Jagd auf gepanzerte, kiementragende Plagiosaurier, Amphibien, die zeitlebens ans Wasser gebunden waren. Von diesen altertümlichen Dachschädlern, die zwischen 60 und 150 Zentimeter lang waren, hat man bei Schwäbisch Hall Hunderte ausgegraben.

Halb Lurch, halb Kriechtier, gilt Seymouria aus den Permschichten von Texas als Modell des Bindeglieds zwischen den Amphibien und den Reptilien. Das 60 Zentimeter lange Tier hat einen typischen Amphibienkopf, während das übrige Skelett reptilartig scheint. In welche der beiden Klassen Seymouria nun letztlich einzuordnen ist, bleibt unklar, da nicht bekannt ist, ob die Eier mit einer festen Schale an Land abgelegt wurden, oder ob sich die Jungtiere wie die Amphibien im Wasser entwickelten. Das wirkliche Bindeglied zwischen Kriechtieren und Lurchen können die permischen Funde nicht sein, da der Übergang vom Lurch zum Reptil sich schon früher im Karbon vollzogen hat.

Die Emanzipation vom Wasser

Reptilien oder Kriechtiere sind die ersten an das dauerhafte Leben an Land angepassten Wirbeltiere. Sie besitzen Hornschuppen, die ihre fast drüsenfreie Haut vor Austrocknung schützen. Ihre Eier haben eine feste Eischale, die Atemgase durchlässt, Feuchtigkeit aber zurückhält. Erst die Evolution einer inneren Befruchtung ermöglichte die Entwicklung eines

Mächtige Hornschuppen schützen den Komodowaran vor Austrocknung in seinem wechselfeuchten Verbreitungsgebiet.

beschalten Eies. Im Innern des Eies bildet der Embryo während seiner Entwicklung eine Hautfalte, das Amnion. In der flüssigkeitsgefüllten Fruchtblase durchläuft der Embryo wie in einem Tümpel seine Entwicklung bis zum Schlüpfen. Die ursprüngliche Ausscheidung von Stickstoffverbindungen als Ammoniak ins Wasser wie bei Fischen ist für Landtiere nicht möglich. Das Zellgift Ammoniak muss kontinuierlich und stark verdünnt abgegeben werden, was einen großen Wasserverlust bedeuten würde. Die Exkretionsorgane der Landtiere scheiden daher Stickstoff in konzentrierter Form in Harnstoff oder Harnsäure gebunden ab.

Das ganze Erdmittelalter über waren die als Reptilien zusammengefassten Gruppen die beherrschenden Landwirbeltiere. Die Flugsaurier eroberten den Luftraum, Fischsaurier und manche Schildkröten gingen sekundär wieder zum Wasserleben über.

Aus frühen Reptiliengruppen entwickelten sich unabhängig voneinander die gleichwarmen oder homoiothermen Säugetiere und Vögel. Ihre konstante Körpertemperatur macht sie unabhängiger von den wechselnden äußeren Lebensbedingungen; dies hat aber einen höheren Energiebedarf zur Folge. Von den Säugetier-Apomorphien kennt man aus deren stammesgeschichtlicher Entwicklung keine direkten Beweise: Haarkleid, Homoiothermie, Zwerchfell für eine intensive Atmung, Gesichtsmuskeln zum Saugen und das hoch differenzierte Gehirn sind fossil nicht belegt.

Das Mesozoikum – Zeitalter der Reptilien

Trias, Jura und Kreide werden als Erdmittelalter (Mesozoikum) zusammengefasst. Nach dem großen Aussterben an der Perm-Trias-Grenze entwickelten sich in der Tierwelt neue, moderne Baupläne. Bereits in der frühen Trias füllten zahlreiche neue Tiergruppen die frei gewordenen Lebensräume. Die Reptilien prägen das Leben auf der Erde und besiedeln während der Trias mit Land, Luft und Wasser alle Lebensbereiche. An der Grenze von der Trias zum Jura erscheinen erste, noch Eier legende Säugetiere mit einem spärlichen Haarkleid. Vögel findet man in den jüngsten Schichten des Jura.

Die Periode des Jura ist auch die große Zeit der Kopffüßer wie Ammoniten und Belmniten sowie der Muscheln. In der Kreidezeit erlangen neben den Nacktsamern die Bedecktsamer erste Bedeutung. Mit der Entfaltung der Blütenpflanzen entwickeln sich die Insekten zur formenreichsten Tiergruppe. Gegen Ende des Erdmittelalters im Übergang zum Tertiär sterben die Ammoniten und Belemniten sowie die meisten Reptilien bis auf wenige Arten aus.

Im Mesozoikum zerbricht der während des Paläozoikums aus dem Zusammenschluss von Laurasia und Gondwana entstandene Superkontinent Pangäa wieder, neue Ozeane und Gebirge entstehen. So wie sich zu Beginn des Mesozoikums die harten klimatischen Bedingungen des Perms in der Trias zu einem global gesehen ausgeglichenen Klima verbesserten, so folgte am Ende der Kreide ein allgemeiner Temperaturrückgang. Für das nun einsetzende Aussterben war nicht allein die globale Abkühlung verantwortlich, vielmehr spielten auch geologische Umbrüche wie ein besonders lebhafter Vulkanismus oder die durch Kontinentkollisionen schwindenden Schelfmeere eine Rolle. Weltweit nachgewiesene Auswurfsprodukte eines Meteoriteneinschlags aus der Kreide-Tertiär-Wendezeit belegen, dass ein großes Impaktereignis mit ursächlich war für die plötzliche, sehr starke Abkühlung und den darauf folgenden Artenrückgang.

> An vielen Orten der Erde hat man in Ablagerungen aus der Kreide-Tertiär-Grenze **Iridium** gefunden, ein Element, das im Vergleich zur Erdkruste in Meteoriten viel häufiger vorkommt. Aus der weltweiten Verbreitung folgerte man, dass ein Meteoriteneinschlag, ein Impaktereignis, gewaltige Iridiumstaubmengen aufwirbelte, die um den Erdball kreisten, bevor sie von tertiären Sedimenten überdeckt wurden. Als Einschlagskrater gilt der Chicxulub-Krater mit einem Durchmesser von 180 Kilometer auf der mexikanischen Yucatán-Halbinsel.

Trias – Entfaltung der Reptilien

In Mitteleuropa beginnt die Trias mit den überwiegend festländischen Ablagerungen des Buntsandsteins. Den rötlichen Sandsteinen und Tonen dieser frühen Zeit der Trias folgt der marine Muschelkalk, der reich an Fossilien ist. Schließlich werden während der Keuperzeit abwechselnd tonige, sandige und mergelige Sedimente abgelagert – neben der Armut an Fossilien ein Beleg für überwiegend festländische Verhältnisse.

Die Panzerlurche, die wegen ihres labyrinthartig gefalteten Zahnschmelzes auch Labyrinthodontier heißen, entwickeln in der Trias ihre größten Formen. Die Reptilien aber entwickeln eine solche Vielfalt von Formengruppen, dass das Erdmittelalter vielfach als Zeitalter der Reptilien bezeichnet wird. In der Evolutionsgeschichte der Wirbeltiere nehmen die Kriechtiere eine Schlüsselstellung ein, sind doch schließlich auch die Vögel und die Säugetiere aus ihnen abzuleiten. Das wichtigste Unterscheidungsmerkmal zwischen Amphibien und Reptilien ist das Vorhandensein eines Amnions während der Embryonalentwicklung. Alle Reptilien, Vögel und Säugetiere besitzen ein solches Amnion und gehören daher zu den Amnioten oder Nabeltieren. Als monophyletische Verwandtschaftsgruppe gehen sie auf einen gemeinsamen Vorfahren, einen Uramnioten zurück, der ein Amphibium aus der Gruppe der Labyrinthodontier war.

Für die Zuordnung der Reptilien ist der Schädelbau bedeutsam. Ursprüngliche Formen besitzen einen geschlossenen Schädelbau ohne Schläfenfenster. Ein derart geschlossener, anapsider Schädel bot wenig Raum für die Kaumuskeln des Unterkiefers. Im Verlauf der weiteren Evolution bildeten sich mehrfach unabhängig voneinander Schläfenfenster, durch die auf der Schädeloberseite ansitzende Kaumuskeln zum Unterkiefer ziehen.

Die Stammreptilien, die ältesten Kriechtiere, treten bereits im Karbon auf. Aus ihnen entwickeln sich alle späteren Kriechtiere. Zu Beginn des Perms entstehen dann die drei nach ihrem Schädelbau unterschiedenen Hauptgruppen Anapsida, Synapsida und Diapsida. Die Anapsiden sterben bis auf ihre Verwandten, die Schildkröten, deren Geschichte in der Trias beginnt, wieder aus. Aus den Synapsiden, deren Schädel eine einzige Schläfenöffnung aufweist, gehen später die Therapsiden und aus diesen wiederum die Säugetiere hervor. Vom Perm bis zur Trias sind die Therapsiden oder säugetierähnlichen Reptilien die dominierenden

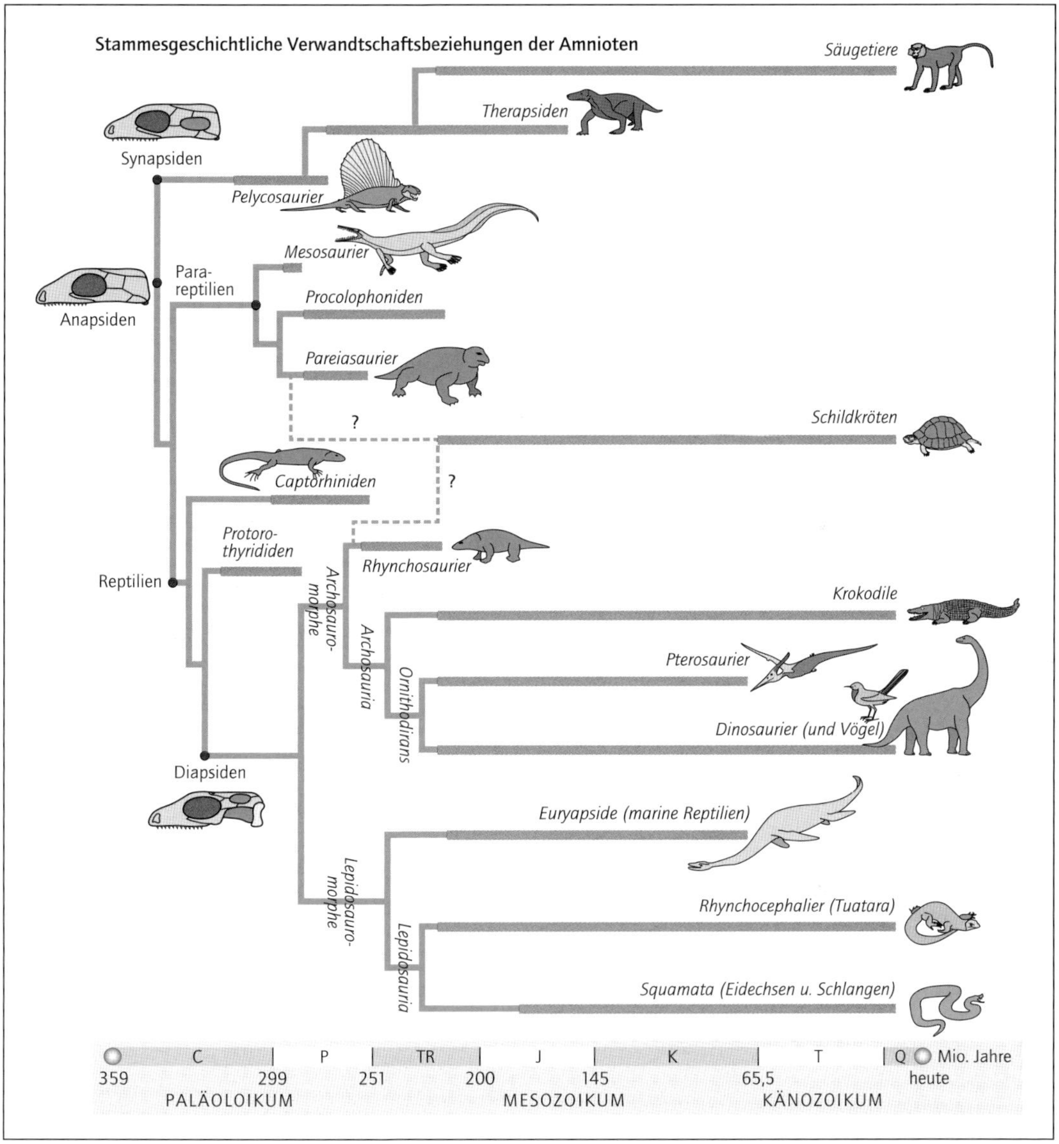

Landwirbeltiere. Die Geschichte der übrigen Kriechtiere beginnt in der Trias. Die Diapsiden mit zwei Öffnungen auf der Schädelrückseite spalten sich in zwei Gruppen auf: Die Lepidosauria bringen die Fischsaurier, die Brückenechsen, Eidechsen und Schlangen hervor, die Archosaurier die Krokodile, Flugsaurier und Dinosaurier.

Stammesgeschichtliche Verwandtschaftsbeziehungen der Amnioten.

Saurier und Therapsiden

Was meint man aber nun mit Sauriern und was mit Dinosauriern? Umgangssprachlich wird Dinosaurier und Saurier synonym verwendet, und vielfach ist die Bezeichnung Saurier ein Sammelbegriff für verschiedene ausgestorbene Reptilien. Manche bezeichnen gar die Therapsiden, die Vorfahren der Säugetiere, und die urzeitlichen Riesenlurche als Saurier. Im systematischen Sinne ist Saurier gleichbedeutend mit Reptil. Diese unterscheiden sich aber durch ihre großen, dotterreichen Eier, die sie an Land ablegen, von Amphibien, aus denen sie hervorgegangen sind. Gegenüber den Säugetieren haben Reptilien mit der Bildung von wasserunlöslicher Harnsäure eine Methode entwickelt, ihren stickstoffhaltigen Stoffwechselabfall wassersparend auszuscheiden. Saurier sind also Landwirbeltiere, die weder Lurche noch Säuger sind.

Ihr gemeinsamer Urahn lebte im Karbon, nachdem sich die Linie abgespaltet hat, aus der sich später die Säugetiere entwickelten. Diese frühen Reptilien besaßen schon verhornte Schuppen, evolutive Neubildungen, die mit den knöchernen Schuppen der Fische nichts gemein haben. Führt man die Saurier auf diese Reptiliengruppe zurück, muss man aber auch die Vögel zu ihnen stellen. Die Therapsiden, die Vorfahren der Säugetiere, dagegen betrachtet man nicht als Saurier. Erst mit ihrem Verschwinden an der Wende vom Perm zur Trias wird der Weg frei für die Radiation der Saurier. Diese sind dann also Schildkröten, Echsen, Schlangen und Krokodile sowie die ausgestorbenen marinen Ichthyosaurier, die Plesiosaurier, die flugfähigen Pterosaurier und die Dinosaurier einschließlich der Vögel.

Die Dinosaurier, die »schrecklichen Echsen«, bilden somit nur eine Teilgruppe innerhalb der Saurier. Viele von ihnen trugen Federn, die ihre Nachfahren, die Vögel, übernahmen und so modifizierten, dass sie zum Fliegen taugten. Bei den Dinosauriern stimmt eigentlich auch die Bezeichnung Kriechtier nicht. Wie die Krokodile konnten die Dinosaurier mit ihren säulenartigen Beinen den Körper viel weiter vom Boden abheben als Echsen oder Schildkröten.

Gegen Ende der Trias erfolgte nach einer großen Aussterbewelle erneut eine Radiation der Saurier durch vielfache Artneubildung bei den Flugsauriern, den Pterosauriern, und den an Land lebenden Dinosauriern. Die Vogelbecken-Dinosaurier, die Ornithischia, entwickeln überwiegend Pflanzenfresser, die Echsenbecken-Dinosaurier, die Saurischia, bringen sowohl Pflanzen- als auch Fleischfresser hervor. An der Kreide-

Das Erdmittelalter war das Zeitalter der Reptilien. Sie besiedelten während der Triaszeit alle Lebensbereiche. Die abgebildeten Fossilien stammen aus der Jurazeit Nordamerikas: im Vordergrund ein Stegosaurus, links dahinter ein Allosaurus.

Tertiär-Grenze sterben Flugsaurier, Meeresreptilien und Dinosaurier aus. Doch aus einer kleinen Gruppe fleischfressender Dinosaurier entwickelten sich schon zuvor im Jura die Vögel, die als Nachfahren der Dinosaurier überleben. Krokodile, Brückenechsen und Schildkröten behalten im Großen und Ganzen ihre ursprünglichen Baupläne bei, während Echsen und Schlangen zahlreiche neue Arten bilden.

Jura – die Welt der Ammoniten

Der Meeresspiegel steigt während der Jurazeit von einigen Schwankungen abgesehen stetig an und überflutet große kontinentale Bereiche. Das gegenüber heute insgesamt wärmere Klima ist über lange Zeit ausgeglichen. Die Temperaturunterschiede zwischen den Polen sind geringer als heute, wärmeliebende Pflanzen gedeihen bis zum 60. Breitengrad.

Das Leben am Meeresboden ähnelte dem heutigen: Korallen bauten Riffe auf, Muscheln bildeten Austernbänke oder gruben sich durch den Schlick, Wellhornschnecken suchten neben Seesternen und Seeigeln nach Nahrung. In der Hochsee treten aber zwei neue Gruppen von Kopffüßern auf, Ammoniten und Belemniten, die wegen ihrer Häufigkeit als Leitfossilien des Juras verwendet werden.

Die Ammoniten sind eine Seitenlinie der uralten Nautiliden. Diese frühen Kopffüßer des Erdaltertums besaßen noch langgestreckte Außenschalen, die sich im Verlauf der Stammesgeschichte zu schneckenhausartigen Gehäusen weiterentwickelten. Ihre größte Entfaltung erreichten die Nautiliden in der Ordovizium-Silur-Übergangszeit vor rund 450 Millionen Jahren, wo sie mit etwa 17 000 Arten die dominierende Tiergruppe der Weltmeere waren. Bis zum Ende des Erdaltertums vor 250 Millionen Jahren nahm ihre Artenvielfalt dann stetig ab. Nun übernahmen die ebenfalls räuberisch lebenden Ammoniten diese ökologische Nische. Als einziger Nautilide schaffte es das Perlboot Nautilus bis in die Gegenwart.

Ammoniten gehören zu den häufigsten Versteinerungen der Schwäbisch-Fränkischen Alb und des Schweizer Juras. Sie sind zwar Weichtiere, aber keine Schnecken, wenn es auf den ersten Blick auch so aussieht. Schon der äußere Bau zeigt den Unterschied: Bei gehäusetragenden Schnecken windet sich die Spirale kegelförmig in die Höhe, bei den Ammoniten bleiben die Windungen in einer Ebene. Bei beiden gibt es aber auch Ausnahmen. Der innere Bau bietet ein sichereres Unterscheidungsmerkmal. Bei Schnecken ist das Gehäuse nicht unterteilt. Bei den stammesgeschichtlich viel älteren Kopffüßern dagegen ist das Spiralgehäuse gekammert und vom Sipho, einem Organ zum Gasaustausch, durchzogen. Mit dem Sipho konnten die Tiere schnell Gas in die Kammern leiten oder diese entleeren und somit schnell auf- und abtauchen, ohne aktiv schwimmen zu müssen.

Das Gehäuse der Ammoniten – ein hydrostatisches Organ

Wo die Kammerscheidewand mit dem Gehäuse verwächst, verläuft als kompliziert verfaltete Linie die sogenannte Lobenlinie. Die Fältelung der Lobenlinien erhöht die Stabilität der dünnen Schale. In zwei Merkmalen aber unterscheiden sich die Gehäuse von Ammoniten und Nautiliden. Bei Nautilus verläuft der Sipho mitten durch die Kammern, bei den Ammoniten an der Außenseite. Die Lobenlinie ist bei Nautilus eine einfache, gerade Linie, bei den Ammoniten ist sie nach einem komplizierten, aber gesetzmäßigen Muster unterschiedlich verfaltet. Die Kammerscheidewände, die Septen, sind bei Nautilus glatt und nur leicht gegen die nächste Kammer vorgewölbt. Bei den Ammoniten dagegen sind die randlichen Partien der Septen durch Vorwölbungen, Sättel genannt, und Rückbiegungen, die Loben, modifiziert. Dies bedeutet eine Oberflächenvergrößerung der Kammerscheidewände und damit eine gestei-

Ein Blick in das Gehäuseinnere des Nautilus: Deutlich zeichnet sich der durch die einzelnen Kammern des Gehäuses verlaufende Sipho als Organ des Gasaustausches ab.

gerte Transportleistung beim Gasaustausch. Die Ammoniten konnten dadurch ihre Kammern schneller leeren als die Nautiliden und somit schneller auf- und abtauchen. Die Fältelung der Lobenlinien erhöhte überdies die Stabilität der dünnen Schale.

Die einzelnen Arten der Ammoniten unterscheiden sich durch verschiedene Muster auf der Schalenoberfläche und durch die Form der Lobenlinien. Die verwirrende Fülle verschiedener Gehäuseformen weist auf die Anpassungsfähigkeit der über eine lange Zeit erfolgreichen Ammoniten hin. Scheibenförmige und abgeplattete Schalen eignen sich besonders gut zum Schweben, stark skulpturierte Gehäuse waren dort vorteilhafter, wo Strömungen auftraten, wie etwa in Küstennähe.

Die Gehäuse schützten die Kopffüßer zwar gegen den Wasserdruck der Tiefe, für andere Meerestiere dieser Zeit waren sie aber ein gefundenes Fressen. Viele der luftatmenden

Mit hohlen, dünnen Knochen und einem filigran durchlöcherten Schädelknochen erreichten die **Flugsaurier** oder Pterosaurier ihre Leichtbauweise. Die ersten Flugsaurier erschienen im Keuper und entwickelten sich im Jura weiter. Ihre Flughaut spannte sich zwischen dem bei manchen Arten behaarten Körper und dem extrem verlängerten vierten Finger. Der Rumpf war kurz und gedrungen, um die Flügel sicher stützen zu können. Auf ihren schlanken Hinterbeinen konnten sie auf dem Boden stehen. Die für das Fliegen wichtige Wölbung der häutigen Flügel entstand passiv durch den Flügelschlag, wodurch ihr Flug nicht sehr wendig war. Lange Strecken aber konnten damit zurückgelegt werden. Pteranodon und der mit einer Spannweite von 15 Metern riesige Quetzalcoatlus waren hervorragende Segelflieger. Rhamphorynchus besaß Schwimmhäute zwischen den Zehen als Anpassung an ein Leben in den Lagunen des Weißjurameeres.

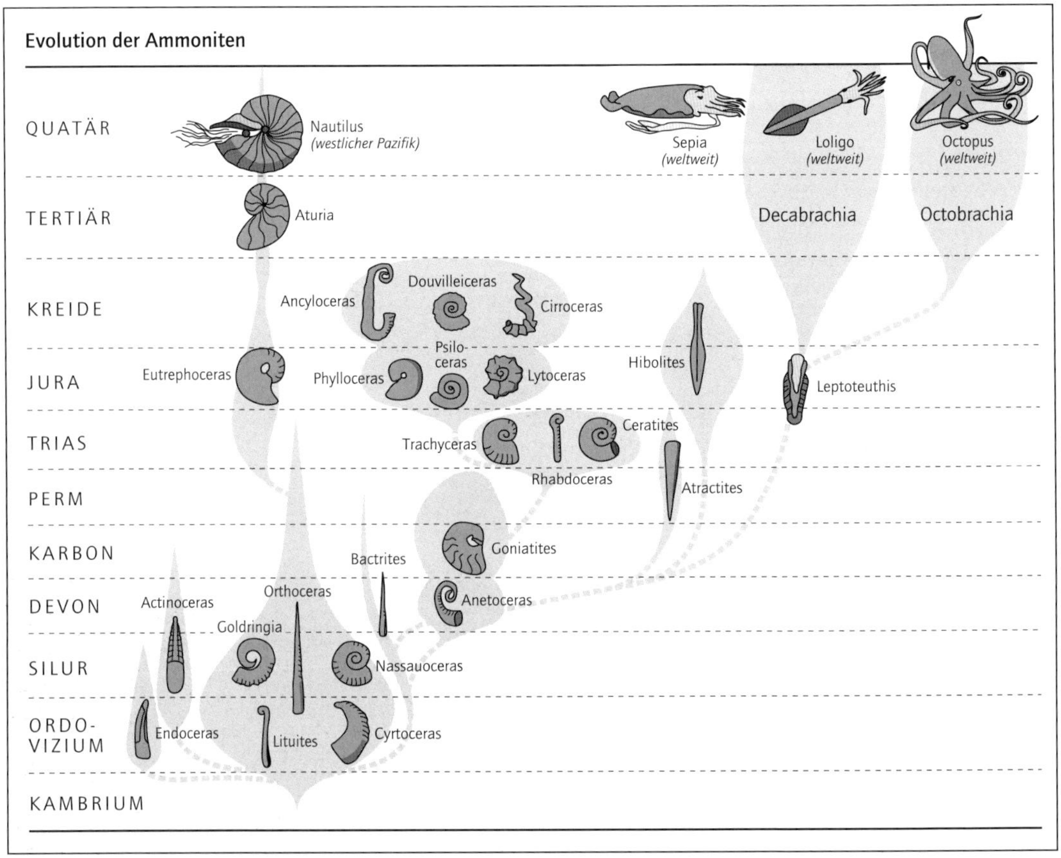

Evolution der Ammoniten.

Meeresreptilien und die größeren Knochenfische konnten die dünnwandigen Schalen ohne Weiteres knacken.

Bereits im Paläozoikum abgespaltet von den Stammformen der Ammoniten, entfalteten sich die Belemniten in der Jura- und Kreidezeit zu einer artenreichen Gruppe, bevor sie im älteren Tertiär wieder verschwanden. Von ihnen sind meist nur massige, kalkige Teile, Reste eines einstigen Innenskeletts, vielfach »Donnerkeile« genannt, erhalten geblieben.

Im Gegensatz zu den heute lebenden Tintenfischen besaßen die Belemniten nur sechs Fangarme. Ihre kleine, gekammerte Schale war von einer langen kalkigen Scheide umgeben. Schließlich räumten sie ihren Platz den immer zahlreicher auftretenden Tintenfischen, Sepien, Kalmaren und Kraken.

Die Herkunft der Vögel

Die Eroberung der Luft war den Insekten schon im Karbon gelungen, den Flugsauriern in der Trias, ehe im Jura die ersten Vögel erschienen. Später im Tertiär werden unter den Säugetieren die Fledermäuse den Luftraum besiedeln. Selbst Tiergruppen, die zum Fliegen eigentlich wenig eingerichtet sind, haben zur effektiveren Flucht die schnelle Bewegung durch die Luft entwickelt: Fliegende Fische, Flugfrösche, abgeplattete »fliegende« Schlangen und Baumhörnchen.

In einer Zeit, in der mächtige Dinosaurier die Erde beherrschten, fanden die Vögel mit dem Flug einen Weg, gefährlichen Räubern auszuweichen. Die Vögel stammen von kleinen theropoden Dinosauriern ab. Die Theropoden gehen auf Dinosaurier-Vorfahren mit hohlen Knochen und nur drei funktionalen Zehen zurück. Diese zweibeinig rennenden fleischfressenden Dinosaurier wiesen zahlreiche Merkmale auf, die als Prädispositionen zur Vogelentwicklung angesehen werden können: Dazu zählt ihre zweibeinige schnelle Fortbewegung ebenso wie die Hornschuppen, die zu Federn werden konnten. Die Eiablage und der sparsame Wasserhalt bedeuten eine Gewichtsersparnis, die wie die intensive Atmung zusammen mit einem leistungsfähigen Blutkreislauf für das Fliegen unverzichtbar sind. Mit der Entwicklung der späteren Vögel kam es zu Strukturabwandlungen: Die Schwanzwirbel verschmolzen zu einem Steißknochen, ebenso verschmolzen die Finger des Flügels, und die Hinterzehe verlagerte sich nach unten, sodass der Fuß Zweige fest umschließen konnte.

Als ältester bekannter Vogel gilt nach wie vor der 150 Millionen Jahre alte Urvogel Archaeopteryx. Er besaß Federn, die wie die der heutigen Vögel strukturiert sind, und auch seine Flügel- und Körperbefiederung entspricht der heutiger Vögel. Die Entwicklung hin zu den Vögeln muss sich also vor Archaeopteryx im Ober- oder Mitteljura vollzogen haben.

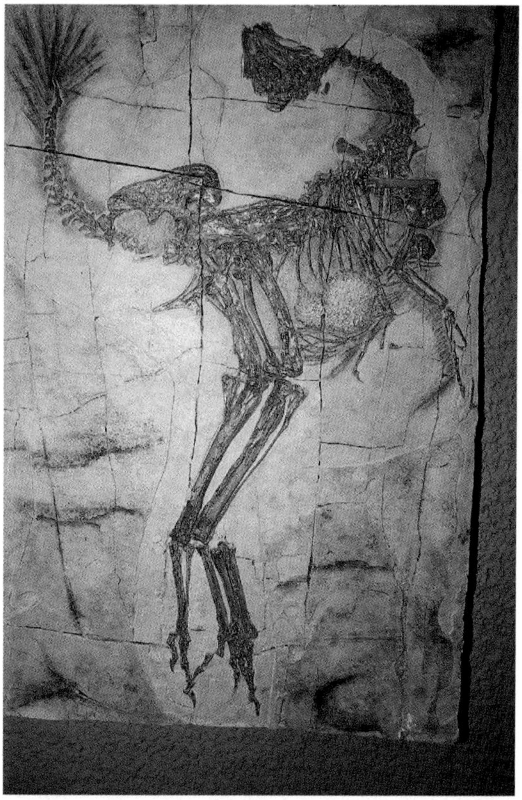

Caudipteryx, ein gefiederter theropoder Dinosaurier aus der Unterkreide Liaonings in Ostchina (Mandschurei).

Baumkletterer oder Bodenläufer, beide Hypothesen werden neben der dritten Möglichkeit, nämlich dass Archaeopteryx aktiv fliegen konnte, diskutiert. Seine langen Beine sprechen dafür, dass der Urvogel hauptsächlich ein Bodenbewohner ist. Die Federn dienen zum Schutz vor Wärme, Kälte und Wasser. Möglicherweise haben die Flügel eine fangnetzartige Funktion bei der Insektenjagd. Die Krallen erlauben ihm vielleicht auch, auf der Flucht auf Bäume zu klettern. Von dort kann er mit ausgebreiteten Flügeln zu Boden gleiten. Viele Wissenschaftler gehen heute davon aus, dass neben dem Gleitflug auch ein aktiver Schlagflug möglich war. Wie der Urvogel das machte, ist noch nicht geklärt.

Der kleine chinesische Raubsaurier Caudipteryx aus der Unterkreide trägt am Ende seines Wirbelschwanzes und an den mittleren Fingern der Hand einfach gebaute Federn. Nach seinen Skelettmerkmalen gehört das 70 Zentimeter lange Fossil eindeutig zu den Raubsauriern und damit zu den Kriechtieren. Im Oberkiefer befinden sich vier Zähne. Seine langen Beine und das kräftige Fußskelett weisen das Tier als schnellen Läufer aus. Die kurzen Fingerfedern an den ebenfalls sehr kurzen Armen machen ein Fliegen ganz sicher unmöglich, aber zum Balancieren während des schnellen Laufs könnten sie womöglich eingesetzt worden sein. Die Federn sind symmetrisch gebaut und weniger aerodynamisch geformt als die des Archaeopteryx. Da Caudipteryx später lebte als Archaeopteryx, scheidet er als möglicher Vorfahre des Juravogels aus.

Die Entstehung der Feder

Inzwischen sind einzelne »Vogelmerkmale« auch von anderen theropoden Dinosauriern bekannt. Nachdem in China weitere befiederte Raubdinosaurier, die mit Sicherheit keine Vögel sind, gefunden wurden, muss ein Vogel über andere Merkmale als über Federn definiert werden. Dazu zählen beispielsweise stabförmige Knochen, welche die Schultern gegen die Brust abstützen und so einen kräftigen Flügelschlag ermöglichen, oder zahlreiche Skelettverwachsungen. Ein stark gekieltes Brustbein, ein zahnloser Schnabel und Klammerfüße gelten neben Nestbau auf Bäumen und Wanderzügen ebenfalls als apomorphe Neuerungen der Vögel.

Federn entstanden früher als die Vögel. Viele Dinosaurier wie Sinosauropteryx oder Microraptor besaßen ein Gefieder, als es noch keine Vögel gab. Wie das Gefieder der Vögel im Verlauf ihrer Stammesgeschichte entstanden ist, versuchen verschiedene Hypothesen zu beantworten. Vergleicht man die Individualentwicklung von Vögeln und Reptilien, zeigt sich, dass Federn anders wachsen als Hornschuppen. Reptilienschuppen bilden sich aus einfachen Hautfalten, Federn wachsen aus röhrenförmigen Hauteinsenkungen von der Basis her, indem neue Zellen des Federbalges die alten nach außen schieben. Federn sind demnach nicht einfach in die Länge gewachsene Schuppen, die am Rand ausfransen.

Zum Fliegen eignen sich Federn erst, wenn sie als Konturfedern eine geschlossene Federfahne bilden. Welche Funktion aber hatten die Federn, bevor ihre aerodynamischen Eigenschaften zum Fliegen taugten? Sieht man die Feder als Produkt des Eiweißstoffwechsels, ist die Federbildung eine Möglichkeit, überschüssige Schwefelverbindungen auf einfache Weise loszuwerden. Gegenüber diesem physiologischen Modell, das eine endogene Erklärung liefert, gehen andere Hypothesen von einer Umwelteinwirkung aus und betrachten die Federentstehung als Anpassung an äußere Gegebenheiten. Die einen messen dem Gleitflug oder dem besseren Abheben vom Boden aus schnellem Lauf heraus eine Schlüsselrolle bei der Entstehung der Federn bei, andere stellen die Isolierwirkung des Gefieders für den gleichwarmen Vogelkörper in den Vordergrund. In jedem Falle aber spielen die vielfältigen Farben, Muster und Strukturen der Federn als Prachtkleid bei der Balz oder als Tarngefieder eine entscheidende Rolle.

In Fossilienbänken aus der Unterkreide Nordost-Chinas kennt man Hunderte Exemplare von Confuciusornis sanctus, der ganz sicher ein früher Vogel war. Die verlängerten Schwanzfedern der Männchen lassen den Schluss zu, dass sie bei Balzritualen eingesetzt wurden, wie es auch manche heute lebenden Vögel tun. Kreidezeitliche Vogelfossilien kennt man inzwischen auch aus Spanien, Madagaskar, Argentinien und der Mongolei.

Kreide – der Gigantismus der Dinosaurier

Ein ausgeprägtes Treibhausklima bis in hohe Breiten lässt die Pole fast eisfrei werden, weite Teile der Kontinente werden überflutet. Der immer breiter werdende Atlantik zerteilt Gondwana in Südamerika und Afrika, Laurasia in Nordamerika und Eurasien. Frühe Bedecktsamer verdrängen die Nadelhölzer immer mehr, wenn auch in offenen, unbewaldeten Gebieten die Gräser noch fehlen. Die rasche Ausbreitung der Bedecktsamer wurde sicher auch dadurch gefördert, dass ihre Samen viel schneller zu

Gewaltige Mengen von CO_2 sind im Kalkstein der Kreidefelsen bei Dover gebunden.

neuen Pflanzen herankeimen als die der Nacktsamer. Im Unterholz der Wälder bringen die Vorfahren der Säugetiere Beuteltiere in Opossumgröße hervor, später treten die ersten Plazentasäuger auf.

In den Meeren wachsen unzählige Kalkalgen, deren calcitische Bestandteile den Coccolithenschlamm bildeten, aus dem schließlich die Schreibkreide entstand.

Die Dinosaurier werden zum dominierenden Element der Tierwelt. Die ersten Dinosaurier finden sich in 225 Millionen Jahre alten Ablagerungen der mittleren Trias. Es waren überwiegend kleine, zweibeinige Raubtiere, die sich schnell in verschiedenste Richtungen auseinanderentwickelten. Dinosaurier existierten in allen Größen von taubengroß bis zu Giganten wie dem zwölf Meter hohen Brachiosaurus oder dem 27 Meter langen Diplodocus, flink wie die zweibeinigen Ceratosaurier wie Coelophysis oder eher plump wie viele der über 50 Tonnen schweren Sauropoden.

Im Gegensatz zu Echsen und anderen Reptilien, die mit seitlich abgespreizten Beinen laufen, stehen die Extremitäten der Dinosaurier gerade nach unten vom Körper ab und werden in einer Ebene vor- und zurückbewegt. Dinosaurier sind also vielmehr Lauftiere als Kriechtiere. Während der Keuperzeit war Plateosaurus eines der häufigeren großen Landtiere. Das Tier, von dem man an über 50 verschiedenen Orten in Mitteleuropa Hunderte von Fossilien kennt, konnte sich vermutlich vierbeinig und zweibeinig fortbewegen. Das Aufrichten soll eine bessere Orientierung

Montanoceratops, ein pflanzenfressender Vogelbeckendinosaurier aus der spätesten Oberkreide Albertas und Montanas.

ermöglicht, Vorteile beim Rivalenkampf gebracht und den Zugang zu Nahrung auf hohen Bäumen eröffnet haben, die sonst außer Greifweite lag.

Offene Fragen

In der Jura- und Kreidezeit gingen viele der schweren Pflanzenfresser sekundär zum Gang auf vier Beinen über. Diese Pflanzenfresser lebten vielfach in Herden wie heute die Großsäuger Afrikas. Die langhalsigen Sauropoden waren die größten Landtiere, die je gelebt haben. Größere Fleischfresser als den nordamerikanischen Tyrannosaurus und seinen mongolischen Verwandten, Tarbosaurus, gab es nie wieder auf der Erde. Mit einer Länge von 14 Metern und einer Höhe von sechs Metern wogen sie sechs bis acht Tonnen. Worin lag der Vorteil des Riesenwuchses der Dinosaurier? Wie konnten die riesigen Pflanzenfresser über ihr kleines Maul ausreichend schnell Futter aufnehmen? Vielleicht besaßen die Tiere große Hohlräume im Körperinnern, die gewissermaßen als Gärkammern dienten wie bei den heutigen Rindern. Mikroorganismen produzieren aus dem aufgenommenen vegetarischen Futter hoch energiereiches Eiweiß, die eigentliche Nahrung der Pflanzenfresser. Die gigantische Körpermasse wirkte zugleich als Wärmespeicher und ermöglichte so eine quasi konstante Körpertemperatur, vorteilhaft für die Aktivität der Mikroben. Vielleicht dienten die exzessiven Hornbildungen an Kopf und Körper vieler Dinosaurier weniger der Verteidigung als vielmehr der Wärmeaufnahme?

Vieles in der Dinosaurierforschung ist im Umbruch oder wird noch sehr kontrovers diskutiert. Dinosaurier haben keine Weichteile hinterlassen, und daher wissen wir nicht, wie ihre Herzen, Lungen oder anderen inneren Organe aussahen. Wie etwa konnte die gleichmäßige Blut- und Sauerstoffversorgung der Giganten sichergestellt werden? Wenn die langhalsigen Riesen tatsächlich ihren Kopf hochgereckt haben, hätten sie ein enormes Herz benötigt, damit der Blutdruck nicht abfiel. War die Körperhaltung der großen Zweibeiner nicht eher waagerecht als aufrecht, und bewegten sie sich eher besonders langsam? Wenn die Tiere aufgrund ihrer Gärkammern große Hohlräume besaßen, verringerte dies ihr Gewicht. Vielleicht waren ihre dünnen Beine nur dadurch in der Lage, den Körper zu tragen. Oder hielten sich die Giganten überwiegend im Wasser auf?

Die späte Oberkreide war die Epoche großer Raubsaurier wie Tyrannosaurus oder Albertosaurus. Waren deren Beine mit langen Oberschenkeln und kurzen Unterschenkeln aber wirklich geeignet für schnelle Jagd oder eher für einen gemächlichen Gang? Auch das mächtige Gebiss war wohl kaum geeignet, große Wunden in die Beute zu reißen. Versteinerte Kotballen, Koprolithen, bestehen zur Hälfte aus Knochensplittern. Waren die großen Raubsaurier vielleicht eher Aasfresser?

Insgesamt hatten die Dinosaurier ein sehr kleines Gehirn. So besaß der über drei Tonnen schwere Stegosaurus ein Gehirn mit nur 70 Gramm Gewicht, was in etwa 0,02 Promille des Körpergewichts entsprach. Im Vergleich dazu entspricht das Gehirn eines Elefanten rund 0,6 Promille, das des Menschen 1,9 Prozent des Körpergewichts. Ob die Tiere deshalb dumm waren, ist fraglich. Schließlich haben sie 150 Millionen Jahre überlebt. Der zwei Meter große Raubdinosaurier Oviraptor schützte sein Eigelege vor Räubern, betrieb also Brutpflege, – ein eher fortschrittliches Sozialverhalten. Großsaurier kamen bis in hohe Breiten mit gelegentlichem Schneefall vor. Manches spricht dafür, dass diese Tiere, die mehrere Monate im Dämmerlicht des Polarwinters leben mussten, gleichwarm waren.

Viele geologische Systeme sind durch einschneidende Veränderungen in der Pflanzen- und Tierwelt gekennzeichnet. Die Grenze zwischen der Kreidezeit und dem Tertiär wurde dort gezogen, wo Dinosaurier, Flugsaurier, Fischsaurier, Ammoniten, Belemniten und wichtige Planktonlebewesen wie die Formaniferen in einem Massensterben verschwanden. Bei dem »plötzlichen« Aussterben muss man aber wohl von einem Millionen Jahre umfassenden Zeitraum ausgehen. Zudem waren viele Arten der angeführten Gruppen schon viel früher verschwunden.

Das Känozoikum – die moderne Tier- und Pflanzenwelt entsteht

Mit Beginn der geologischen Neuzeit der Erde nehmen die Kontinente in etwa ihre heutigen Umrisse an. Das Reptilien-Zeitalter ist mit dem Untergang der Saurier zu Ende, und die Säugetiere werden die beherrschende Tiergruppe. Aus den seltenen Fossilfunden der Kreidezeit ist bekannt, dass sich damals zwei fortschrittliche Säugetiergruppen entwickelten: die Beuteltiere und die plazentalen Säugetiere. Ein lebendes Fossil aus dieser Zeit ist das amerikanische Opossum, ein in vielfacher Hinsicht ursprüngliches Säugetier.

Während die übrigen Wirbeltiere ihre Baupläne kaum modernisieren, spalten sich die anfangs wenigen Populationen der frühen Säuger in immer neue Unterarten und Arten auf. Nahezu explosionsartig entstehen die verschiedensten Säugetierordnungen wie Insektenfresser, Huftiere, Elefanten, Raubtiere oder Fledermäuse. Wale, Delfine und Seehunde gehen sekundär ins Meer zurück. Die zunächst noch unspezialisierten Urbeuteltiere wurden fast überall auf der Erde rasch durch die adaptive Radiation der plazentalen Säuger verdrängt. Nur in der Isolation des von Gondwana abgetrennten Australiens konnten die Beuteltiere konvergent zu den Plazentatieren entsprechende Formen und Lebensweisen entwickeln. Unter ihnen findet man wie bei den modernen Plazentatieren Insektenfresser, Beutegreifer, Weidegänger, Aasfresser, baum-, boden- und wasserlebende Formen. Die gleichwarmen, endothermen Säu-

Schnabeligel besitzen zahlreiche ursprüngliche Merkmale der frühesten Säugetiere. So haben sie noch eine einzige, Kloake genannte Körperöffnung für Ausscheidungen des Darmes, der Nieren und der Geschlechtsorgane. Da die Eier legenden Weibchen aber Milchdrüsen als abgeleitetes Merkmal besitzen, handelt es bei den Schnabeltieren um Säugetiere.

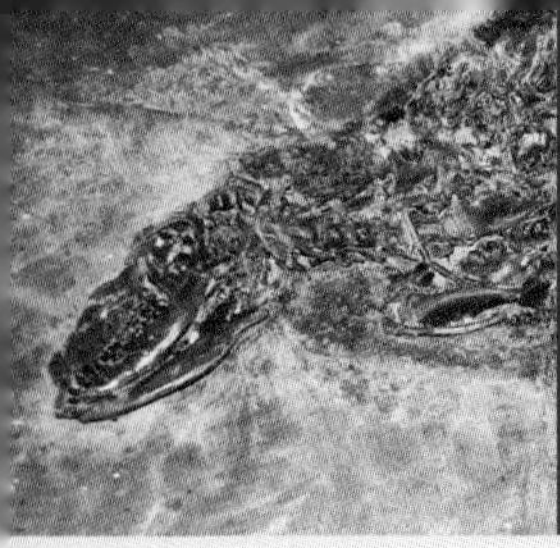

TERTIÄRES WELTNATURERBE – RIVERSLEIGH UND GRUBE MESSEL

Riversleigh im australischen Nordwest-Queensland ist gewissermaßen eine Fossilienfalle, in der die sterblichen Überreste vorzeitlicher Koalas, Beutelwölfe, Kängurus und anderer Beuteltiere zusammengeschwemmt und konserviert sind. Das kalkreiche Wasser dort hat die Knochen rasch durchsetzt, haltbar versiegelt und Riversleigh so zu einer der weltweit bedeutendsten Fossilstätten gemacht. Neben seither unbekannten Beuteltieren hat man zahlreiche fossile Arten von Lungenfischen, Kriechtieren, Vögeln und Insekten gefunden. Diese vielfältige Fauna aus dem jüngeren Tertiär ermöglicht eine Rekonstruktion des Lebens vor 25 bis 12 Millionen Jahren. Während Riversleigh heute in einer offenen Savannenlandschaft liegt, bezeugen die zahlreichen Fossilien baumbewohnender Tiere, dass vor 20 Millionen Jahren dort noch tropischer Regenwald stand. In jüngeren Ablagerungen mehren sich dann die Hinweise auf trockeneres Klima, auf den Zerfall des geschlossenen Waldes in isolierte Waldinseln und schließlich in Buschland. Mit dem Wald verschwunden sind auch die großen Raubbeutler, von denen der Beutellöwe mit bis zu 260 Kilogramm der größte und schwerste war. Mit seinen dolchartigen Schneidezähnen und den muschelförmigen, gesägten Vorbackenzähnen konnte er auch große Beute leicht töten und zerlegen. Nur vor dem Donnervogel, einem 500 Kilogramm schweren Riesenvogel mit einem gigantischen Kopf von einem halben Meter und einem massiven Schnabel samt mächtiger Kiefermuskulatur, musste er sich in Acht nehmen.

Die heute lebenden warmblütigen Fleischfresser und die Beuteltiere wie der Tüpfelschwanzbeutelmarder oder der Beutelteufel sind mit sieben und neun Kilogramm um ein Vielfaches kleiner als ihre früheren Verwandten und kommen darüber hinaus auch nur noch selten vor.

Ein ähnlich bedeutsamer »Hotspot« tertiärer Fossilien und ebenfalls UNESCO-Weltnaturerbe ist die Grube Messel bei Darmstadt, ein einstiger Maarsee. Messel gibt einen Einblick in ein Ökosystem, wie es vor 48 Millionen Jahren zusammengesetzt war. Am einstigen Messeler See lebte eine reiche Pflanzen- und Tierwelt unter subtropischen Klimaverhältnissen. Am Seeboden herrschten lebensfeindliche Bedingungen, die eine Zersetzung verhinderten, sodass eingeschwemmte Tierkadaver nahezu vollständig erhalten blieben. In den idealen Einbettungsbedingungen im Messeler Ölschiefer sind tropische Zitrusbäume,

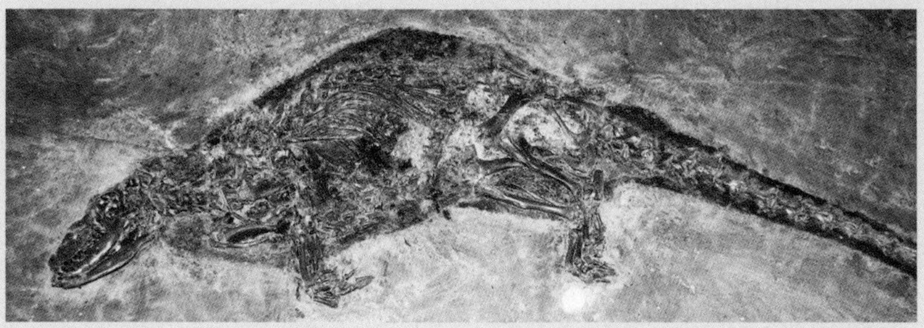

Die Messeler Funde erlauben eine fundierte Dokumentation einer eozänen Lebensgemeinschaft. Das gut erhaltene Gebiss von Buxolestes weist diesen als Fischjäger aus.

Palmen, Feigen, Seerosen, Lorbeer- und Walnussgewächse sowie alle größeren Gruppen der Wirbeltiere erhalten. Die Vegetation der Uferregion förderte ein reiches Insektenleben und damit auch viele Insektenfresser wie Ameisenbären, ursprüngliche Igel, Schuppentiere und Fledermäuse. Zahlreiche Fossilien zeigen feinste Details wie Haut, Haare, Darmtrakt samt Inhalten und geben so einen Einblick in die Entfaltung der Säugetiere im Alttertiär. Funde von Halbaffen geben Auskunft über die Stammesentwicklung der Primaten zu dem Zeitpunkt, als sich Lemuren und Affen trennten.
Zu den spektakulärsten Funden gehören die Überreste von zahlreichen Urpferden mit einer Schulterhöhe von 60 Zentimetern. Über 70 Funde des Propalaeotheriums mit vierzehigen Vorderhufen und dreizehigen Hinterhufen einschließlich Fohlen und trächtigen Stuten sind bis jetzt bekannt, über 30 Skelette sind nahezu vollständig erhalten.
Schon heute sind mehrere Hundert Arten aus dem Ölschiefer identifiziert, man kann aber davon ausgehen, dass zukünftige Funde weitere Erkenntnisse über die Zusammensetzung der frühtertiären Vogelwelt und die Vielfalt der Insekten-, Reptilien- und Amphibienfauna samt Nahrungsketten und anderen Vernetzungen des ökologischen Systems des fossilisierten Biotops ermöglichen.
Etwa 150 Kilometer nordöstlich von Messel liegen die seit drei Jahrhunderten abgebauten Braunkohleflöze des Geiseltals. Die dort gefundenen Fossilien sind vielfach denen von Messel ähnlich, zeigen aber auch wichtige Unterschiede. Dies rührt daher, dass sich um den Messeler See eine Vielfalt von Habitaten entwickeln konnte, während die Braunkohle des Geiseltals aus dem Lebensraum Sumpf entstand, der eine deutlich geringere Artenvielfalt aufwies. ■

Die Fossilgeschichte der **Schnabeltiere** ist weitgehend unbekannt. Man fasst sie mit den Schnabeligeln zur Gruppe der Kloakentiere zusammen, die durch eine Reihe ursprünglicher Merkmale gekennzeichnet ist und in Australien noch vorkommt. Sie besitzen nur eine rückwärtige Körperöffnung, die Kloake, für die Ausscheidungen des Darmes, der Nieren und der Geschlechtsorgane, die sie mit Kriechtieren und Vögeln ebenso gemeinsam haben wie die Eiablage. Der Bau des Schultergürtels dagegen erinnert stark an den der fossilen Therapsiden, die als Stammgruppe der Säugetiere angesehen werden.
Die Tiere besitzen als apomorphe Merkmale ein Fell und die Weibchen Milchdrüsen.
Die Kloakentiere repräsentieren demnach ein ähnlich ursprüngliches Entwicklungsniveau wie die frühen Säugetiere und vermitteln einen Eindruck des Evolutionsstadiums, das zu jenem Zeitpunkt vorlag, als sich die frühen Säugetiere von den Reptilien abspalteten.

getiere und Vögel erzeugen ihre eigene Körperwärme, was sie weitgehend unabhängig von Klimaeinflüssen macht und die Möglichkeit zur Erschließung kälterer Lebensräume bietet. Um für ihren energiehungrigen Stoffwechsel ausreichend Nahrung zu finden, kommt ihnen ihre hohe Intelligenz zugute. Säuger und Vögel sind erfinderische, neugierige Tiere, die aus ihren Erfahrungen lernen können.

Tertiär – die Blütezeit der Säuger

Die ersten Säugetiere gingen vor rund 220 Millionen Jahren in der oberen Triaszeit aus der Reptiliengruppe der Therapsiden hervor. Die fortschrittliche Gruppe der Cynodontier, der Hundszähner, besaß bereits ein sekundäres Kiefergelenk, das von einem Gelenkfortsatz des Unterkiefers und einer Gelenkpfanne des Schläfenbeins gebildet wird. Die neu entstandenen Säugetiere waren zunächst sehr klein, was ihnen ein Überleben im Schatten der mesozoischen Dinosaurier ermöglichte. In der späten Kreidezeit waren dann die meisten Säugetierordnungen vertreten, aber erst im frühen Tertiär kam es zur Radiation der Säuger, nachdem durch das Aussterben der Dinosaurier zahlreiche ökologische Nischen frei geworden waren. Die Blütenpflanzen breiteten sich zu dieser Zeit über die ganze Erde aus. Die in Braunkohlengruben gefundenen Arten belegen, dass im älteren Tertiär ein warmes Klima herrschte, während die Arten des jüngeren Tertiärs Pflanzen eines gemäßigteren Klimas sind. Erstmals sind weite Teile der Erde mit Graslandschaften bedeckt. Von Vorteil ist deren Windblütigkeit. Da Gräser nach dem Abweiden von der Basis her nachwachsen und bestocken, ermöglichen sie die rasche Entwicklung zahlreicher Weidegänger wie Pferde oder Antilopen und in deren Gefolge die Entstehung zahlreicher Raubtierarten der Savannen und Steppen. Ein großer Teil der über 4000 Säugetierarten entstand in den ersten zehn Millionen Jahren des Ter-

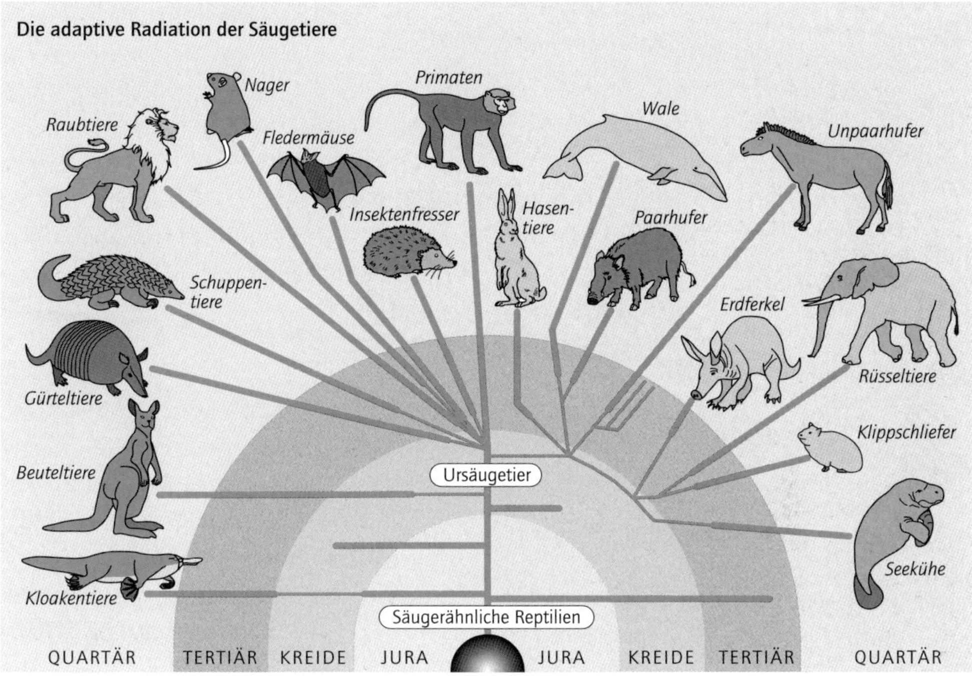

Adaptive Radiation der Säugetiere.

tiärs. Zahlreiche neue Ordnungen und Familien entwickelten eine Fülle von landlebenden Pflanzen-, Fleisch- und Insektenfressern. Wale, größer als die größten Dinosaurier, entstehen ebenso wie Fledermäuse mit dem Gewicht eines Schmetterlings. Im Hinblick auf ihre Vielseitigkeit, ihre Artenzahl und ihre ökologische Toleranzbreite übertreffen die Säuger alle anderen Tiergruppen, auch die der Vögel, die einen vergleichbaren Aufstieg erleben. Auch die Vögel bringen Riesenformen hervor wie die bis zu 2,50 Meter hohen, flugunfähigen »Terrorvögel« wie Brontornis und Diatryma, die auf Dauer aber den Säugetieren als Konkurrenten unterlegen sind. Gegen Ende des Tertiärs erscheinen frühe Menschenformen.

Quartär – Eiszeit und Gegenwart

Das Quartär als eigenständiges System oder Epoche zu führen, das vor 1,8 Millionen Jahren begann, hat eher historische Gründe als handfeste geologische oder paläontologische Ursachen. Es kam während des Pleistozäns zum periodischen Wechsel von Kalt- und Warmphasen von jeweils rund 100 000 Jahren. Während der pleistozänen Eiszeiten sterben zunächst zahlreiche Pflanzen der wärmeren Erdepochen aus, später auch die großen Eiszeitformen wie Mammut, Wollnashorn und Riesenhirsch. Die vielfältigen Klimaschwankungen lassen sich vor allem in der nacheiszeitlichen Epoche, dem Holozän, anhand von Pollenanalysen in Mooren und Seeablagerungen genau verfolgen. Der Mensch in seiner heutigen Form wird nun zur beherrschenden Art. Er bestimmt fortan die Entwicklung der anderen Arten in entscheidender Weise mit.

Der als Früchtefresser im Baumkronenbereich des afrikanischen Regenwaldes lebende Potto, ein Vertreter der Loris, kann Daumen und Großzehe weit abspreizen und den anderen Zehen gegenüberstellen.

Primaten

Im frühen Tertiär erscheinen erstmals auch Vertreter der Säugetierordnung Primaten, kleine, bodenlebende nachtaktive Tiere mit gutem Geruchssinn und geringem Sehvermögen. Sie leiten sich wahrscheinlich von Insektenfressern ab. Schon sehr früh in ihrer Evolution passten sich ursprüngliche Primaten dem Leben auf Bäumen an. Diese arboricole Lebensweise in einem dreidimensionalen, lückenreichen Lebensraum erforderte Umstellungen beim Einsatz der Fortbewegungsorgane, der Sinnesorgane und des Gehirns. Durch ihre recht ursprünglichen Gliedmaßen mit fünf Fingern und das wenig differenzierte Gebiss sind die Primaten schwieriger zu kennzeichnen als andere Säugetierordnungen. Typisch für die überwiegend in Bäumen lebenden Bewohner warmer Gebiete ist eine Kombination von Merkmalen: vier zum Greifen fähige Füße, deren erste Zehen sich weit abspreizen und den anderen gegenüberstellen lassen, flache Nägel anstelle von Krallen, ein gut ausgebildeter farbtüchtiger Gesichtssinn mit nach vorn gerichteten Augen, die ein räumliches Sehen ermöglichen, ein Gehirn, das im Verhältnis zum übrigen Körper groß ist sowie die relativ späte Geschlechtsreife samt langer Lebensdauer.

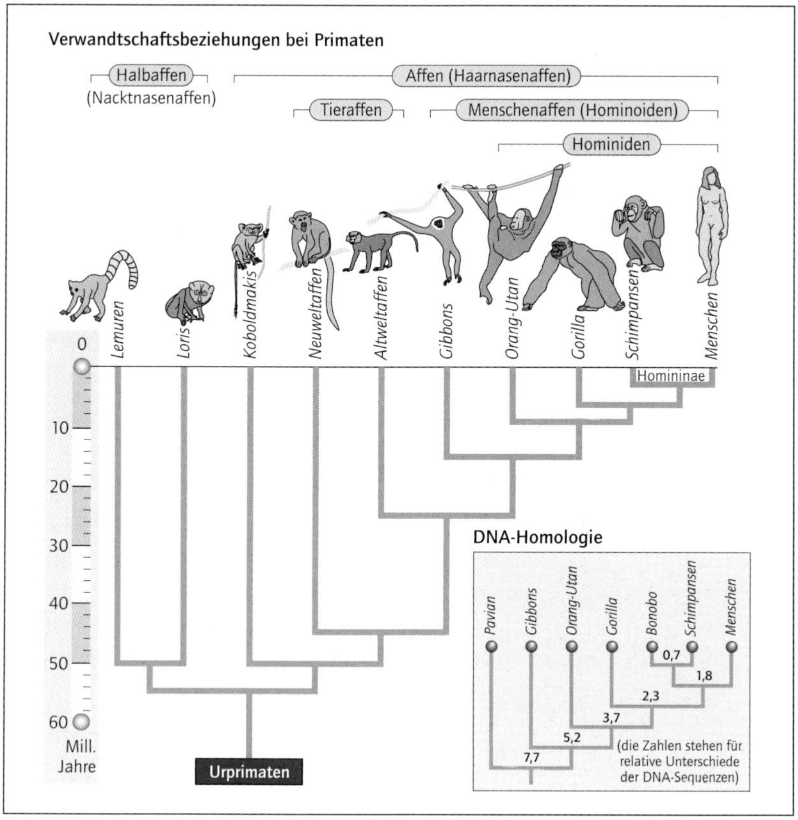

Verwandtschaftsbeziehungen bei Primaten.

Die rund 250 heute lebenden Primatenarten fasst man in folgende Verwandtschaftsgruppen zusammen: Halbaffen sind die kleinen Galagos und Loris in Afrika und Südostasiens sowie die überwiegend nachtaktiven Lemuren Madagaskars. Koboldmakis mit außergewöhnlich großen Augen und besonderem Sprungvermögen sind mausgroße Waldbewohner Südostasiens. Neuweltaffen, auch Breitnasenaffen genannt, aus Südamerika sind durchweg Baumbewohner, vielfach mit Greifschwanz. Altweltaffen oder auch Schmalnasenaffen leben in Afrika und Asien. Zu ihnen zählen die langschwänzigen Languren sowie Meerkatzen, Makaken und Paviane. Neuweltaffen und Altweltaffen werden vielfach als Tieraffen auch den Menschenaffen gegenübergestellt. Die Menschenaffen umfassen die als Schwinghangler hoch spezialisierten südostasiatischen Gibbons sowie Orang-Utan, Gorilla, Schimpanse, Zwergschimpanse oder Bonobo und den Menschen.

So unverkennbar sich der Mensch von allen Tierarten unterscheidet, so unverkennbar hat er auch viele Merkmale mit allen Lebewesen, noch mehr mit Tieren und besonders viele mit Säugetieren gemeinsam. Dieser scheinbare Widerspruch wird nur verständlich, wenn man die biologische Vergangenheit des Menschen und seine Abstammung in Betracht zieht.

Die doppelte Evolution des Menschen

Ein herausragendes Merkmal des Menschen ist seine unvergleichliche Lernfähigkeit. Bereits frühe Vorfahren des Menschen übernahmen offensichtlich erlerntes Verhalten von erfahrenen Artgenossen. Überschritt diese Weitergabe von Erfahrung und Wissen die Generationengrenze, entstand Tradition. Sie stellt die Grundlage von Kultur dar. Darunter versteht man die Gesamtheit erlernter Verhaltensweisen und Fähigkeiten einer Gruppe, die von Generation zu Generation weitergegeben wird.

Mit der Fähigkeit zur Kultur haben die Menschen als einzige Lebewesen neben der biologisch-genetischen Evolution eine zweite, kulturelle Evolution durchlebt, um Informationen zu erwerben, zu vermehren und an die nächste Generation weiterzugeben.

Im Vergleich zur biologischen Evolution erfolgt der Informationsfluss durch kulturelle Evolution horizontal in der gesamten Population und nicht nur vertikal von Eltern auf Kinder und ist dadurch viel schneller und anpassungsfähiger. Durch die Entwicklung der Sprache, viel später auch durch die Erfindung der Schrift wurde die Wirkung dieser Besonderheiten enorm gesteigert. Wann die Wortsprache entstanden ist, lässt sich zeitlich nur schwer zuordnen.

Dagegen erlauben fossile Zeugnisse wie Werkzeugfunde, Feuerstellen, Bestattungen oder Kunstwerke die Rekonstruktion der materiellen Kulturentwicklung und lassen Rückschlüsse auf die geistigen Leistungen und religiösen Vorstellungen zu. Mit den Errungenschaften seiner kulturellen Evolution wird der Mensch immer besser in die Lage versetzt, seine Umwelt zu verändern und den eigenen Bedürfnissen anzupassen. Der Zwang zur Anpassung an die Umwelt, wie er die biologische Evolution kennzeichnet, wird damit in sein Gegenteil verkehrt.

Ichbewusstsein und Erkenntnisfähigkeit

Die Kulturfähigkeit des Menschen hat biologische Grundlagen. Dazu zählt in erster Linie die mit dem Erwerb des aufrechten Gangs verknüpfte Entwicklung universell verwendbarer Greifhände, die sich zum herausragenden »Kulturorgan« entwickeln konnten. Auf der als Cerebralisation bezeichneten Größenzunahme, Komplexitäts- und Leistungssteigerung des menschlichen Gehirns gründen sich letztlich Lernfähigkeit und Sprachvermögen. Nach allen fossilen Zeugnissen, die uns vorliegen, haben sich aufrechter Gang oder Bipedie und Gehirn während der Evolution der Menschenvorfahren nicht im Einklang miteinander entwickelt, sondern mit unterschiedlicher Geschwindigkeit. Man spricht von Mosaikevolution. Zuerst entstand der aufrechte Gang. Weitgehend unabhängig davon vergrößerte sich später das Gehirn, das beim Menschen nach der Geburt noch viel länger weiterwächst als bei anderen Primaten.

Die besondere Fähigkeit seines Gehirns erlaubte dem Menschen zu irgendeinem Zeitpunkt seiner Evolution ganz bewusst festzustellen, wer er eigentlich ist. Infolge dieses Ichbewusstseins beerdigte er die Verstorbenen und erinnerte sich seiner toten Angehörigen. Schließlich lernte er, die ihn umgebende Welt und seine Vorstellungen davon in Kunst auszudrücken. Und wiederum ist es das Gehirn, das selbst die Evolution der menschlichen Ethik beeinflusst. Eine Verhaltensweise, die einem Empfänger nützt und für den Handelnden eine Anstrengung bedeutet, nennt man altruistisches Verhalten. Ein Altruismus, der den eigenen Nachkommen oder verwandten Gruppenmitgliedern nützt, lässt sich mit Hilfe der Selektionstheorie erklären, profitieren doch die eigenen Gene auch davon. Auch bloße Freundlichkeit und Hilfsbereitschaft sind altruistsche Verhaltensweisen. Beides erfordert wenig Aufwand, ist jedoch für den Zusammenhalt einer sozialen Gruppe von großer Bedeutung und bringt somit letztlich auch einen Selektionsvorteil. Wie aber kommt es zu altruistischem Verhalten gegenüber Außenstehenden? Sicherlich ist eine selbstlose Ethik das Ergebnis von Gedanken, den Gedanken kultureller Führungspersönlichkeiten. Stoßen wir beim Versuch, das Entstehen einer solchen Ethik wie sie beispielsweise das

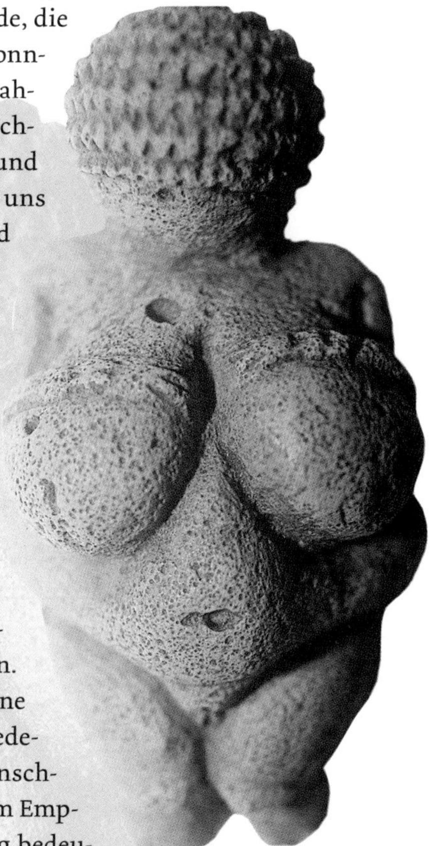

Aus dem Jungpaläolithikum vor 28 000 bis 12 000 Jahren sind zahlreiche Frauenstatuetten wie die Venus von Willendorf bekannt. Die erst kürzlich gefundene Venus vom Hohlen Fels auf der Schwäbischen Alb zählt mit 35 000 Jahren zu den ältesten menschlichen Darstellungen überhaupt.

Neue Testament vertritt, evolutionsbiologisch zu erklären, an die Grenzen menschlicher Erkenntnisfähigkeit?

Dass die menschliche Erkenntnisfähigkeit begrenzt ist, erklärt Konrad Lorenz ausgehend von den Ideen Immanuel Kants und Darwins mit seiner Evolutionären Erkenntnistheorie. Danach sind Sinnesorgane und Gehirn das Ergebnis einer langen Evolution. Die Funktion der Informationsverarbeitung durch diese Organe besteht aber nicht darin, die Welt zu verstehen, sondern in ihr zu überleben und erfolgreich Nachkommen zu zeugen. Somit ist unsere Erkenntnisfähigkeit nicht vollkommen, sondern lediglich so an unsere Umwelt angepasst, dass wir die reale Welt in einem gewissen, überlebensnotwendigen Maße verstehen.

Die Stellung des Menschen im natürlichen System

Aus biologischer Sicht zählt der Mensch zur Ordnung der Primaten. Die Trennung der Vorfahren des Menschen von denen der Menschenaffen, die sich bis dahin gemeinsam entwickelt hatten, erfolgte vor acht bis fünf Millionen Jahren in Afrika. Die weitere, durch Fossilfunde dokumentierte Entwicklung verlief mit zahlreichen Seitenlinien, von denen viele in einer Sackgasse endeten, da deren Vertreter ausstarben. Es gilt also auch für die Evolution des Menschen, dass bestehende Merkmale immer wieder variiert, der Selektion unterworfen und abgewandelt wurden.

Benötigt man nun ein Extra-Taxon für den Menschen? Die traditionelle Systematik der Primaten zog zur Einteilung in die verschiedenen Kategorien im Wesentlichen Merkmale im Körperbau heran. Meist stand dann der Mensch als einziger Vertreter des Taxons Hominiden den Pongiden mit Orang-Utan, Gorilla und den beiden Schimpansenarten gegenüber. Auch wenn dies aufgrund der großen körperlichen und genetischen Ähnlichkeiten von Mensch und Schimpanse der Logik des natürlichen Systems widersprach, sollte dadurch die besondere Stellung des Menschen hervorgehoben werden.

Unbestreitbar ist der Mensch ein Primat mit Besonderheiten. Zwar stimmt das Genom von Mensch und Schimpanse nach Unterschieden in der Basensequenz ihrer DNA zu 98,7 Prozent überein, die für Proteine codierenden Gene weisen allerdings deutliche Unterschiede auf. Auch die Aktivitätsmuster von Genen unterscheiden sich stark, besonders in Zellen des Gehirns. Die Chromosomen gleichen sich in Form, Größe und Bandenmuster weitgehend. Menschenaffen haben jedoch 48 in jeder Körperzelle, Menschen durch Fusion von Chromosom 2 und 3 nur 46. Auch wenn sich Menschenaffen aufrichten und kurzzeitig aufrecht gehen können, ist der aufrechte Gang, die Bipedie, für den Menschen kennzeichnend. Damit stehen typische Merkmale seines Bewegungsapparats in Zusammenhang: Der Schädel wird nahe an seinem Schwerpunkt von der Wirbelsäule unterstützt und kommt ohne starke Nackenmuskulatur aus. Die doppelt S-förmig gebogene Wirbelsäule trägt Kopf und Rumpf federnd, der Schwerpunkt des Körpers liegt im Beckenbereich. Das schüsselförmige Becken trägt die Eingeweide. An den breiten Darmbeinschaufeln setzen die Hüftmuskeln an, die den Rumpf beim Gehen halten und balancieren. Die längs- und quergewölbte Fußsohle federt den Druck beim Gehen ab und optimiert die eingesetzte Kraft. Die starke Großzehe ist nicht abspreizbar, statt des Greiffußes der Menschenaffen hat der Mensch einen Stand- und Gehfuß.

Durch die besondere Beweglichkeit des Daumens ist die Hand des Menschen als perfekte Greifhand vielseitig einsetzbar. Der steil nach oben gewölbte Gehirnschädel des Menschen bietet Platz für das mit etwa 1400 Kubikzentimeter im Vergleich zum Schimpansen viermal größere Gehirn. Am stärksten unterscheiden sich Menschenaffen und Mensch in der Leistung des Gehirns, der Lernfähigkeit, im komplexen Sozialverhalten und in der Kommunikation durch Sprache.

Sprache und Tradition

Voraussetzung für das Sprechen sind der Luftraum zwischen Kehlkopfdeckel und Gaumensegel, die geschlossene Zahnreihe, die bewegliche Zunge, vor allem aber ein spezielles motorisches Sprachzentrum im Großhirn. Diese Broca-Zentrum genannte Struktur der Großhirnrinde findet man nur beim Menschen. Zwar sind auch Schimpansen in der Lage, eine Zeichensprache zu erlernen und zu gebrauchen, die Wort- und Begriffssprache des Menschen ist aber einzigartig. Sie muss individuell erlernt werden, wobei

Der geringe Unterschied von nur einem Prozent zwischen Schimpanse und Mensch bezieht sich auf den reinen Buchstabenvergleich der entzifferten Genome mit ungefähr 15 Millionen Basen. Entscheidend sind aber die Abschnitte im menschlichen Genom, die sich am stärksten verändert haben, seit sich die Abstammungslinien von Mensch und Schimpanse trennten. Gesucht werden also die **DNA-Sequenzen, die uns zum Menschen machen**. Dabei sind die DNA-Sequenzen, die Proteine codieren vermutlich weniger entscheidend als regulatorische Abschnitte, die die verschiedenen Gene während der Embryonalentwicklung im Organismus ein- und ausschalten.

die Fähigkeit zum Spracherwerb, zur differenzierten Lauterzeugung und zum exakten Hören genetisch bedingt ist.

Menschenkinder sind nach der Geburt noch wesentlich länger als Schimpansenkinder auf Fürsorge angewiesen. Das ermöglicht ihnen ein intensives Lernen durch Nachahmung. Da die Lebensdauer des Menschen weit über das Fortpflanzungsalter hinausgeht, leben mehrere Generationen zur gleichen Zeit. Dieser Umstand erleichtert die Weitergabe von Traditionen. Durch die lebenslang anhaltende Lernfähigkeit wird wiederum die kulturelle Entwicklung beschleunigt. Große, auf Lernfähigkeit beruhende Flexibilität im Verhalten, verbunden mit ausgeprägter Traditionsbildung innerhalb sozialer Gruppen, ist die Grundlage menschlicher Kultur, ein Artmerkmal des Menschen.

Prädispositionen und Schlüsselereignisse in der Evolution des Menschen

Zahlreiche Anpassungen an das Baumleben der frühen Primaten erwiesen sich Millionen Jahre später als wichtige Prädispositionen für die Evolution des Menschen.

Greifhände mit abspreizbarem Daumen und Plattnägeln als Widerlager erhöhen die Grifffestigkeit an Ästen. Für die spätere menschliche Evolution war die Entwicklung der Hand zu einem besonders an den

Ständige enge soziale Kontakte ermöglichen Schimpansen neben einer angeborenen Lerndisposition ein Lernen durch Nachahmung.

Fingerspitzen hochsensiblen Greiforgan von entscheidender Bedeutung. Der Stereoblick der nach vorn gerichteten Primatenaugen verbessert das Abschätzen von Entfernungen. Da die Tiere überwiegend tagaktiv sind, erleichtert die Unterscheidung von Farben den Nahrungserwerb. So nimmt unter allen Sinnesfunktionen des Menschen der Gesichtsinn eine dominierende Stellung ein. Mit der anspruchsvollen Sinneswahrnehmung und der notwendigen schnellen Bewegungskoordination ging bei den baumbewohnenden Primaten eine Vergrößerung und Verfeinerung von Klein- und Großhirn einher. Gerade die besondere Fähigkeit zum Erinnern, Lernen und Assoziieren bedingt die Sonderstellung des Menschen unter allen Lebewesen. Verglichen mit Säugetieren ähnlicher Größe dauert die Schwangerschaft bei höheren Primaten sehr lange. Fast immer kommt ein relativ unselbständiges, einzelnes Junges zur Welt. Der enge körperliche und soziale Kontakt von Mutter und Jungem über eine lange Zeit ermöglicht ein ausgiebiges Lernen durch Nachahmung. Die Bildung gruppenspezifischer Traditionen ist eine wichtige Wurzel für die kulturelle Evolution des Menschen. Primaten sind verglichen mit anderen Säugetieren wenig spezialisierte Generalisten. Diese Unspezialisiertheit erfordert aber ein offenes Verhaltensprogramm mit hoher Flexibilität, was wiederum eine besondere Entwicklung der Intelligenz voraussetzt. Die kulturelle Evolution des Menschen war nur aufgrund besonderer Intelligenz möglich.

Merkmale und Eigenschaften, die unter bestimmten Bedingungen vorteilhaft sind, die bei den Vorfahren betreffender Arten aber aus ganz anderen Gründen evolvierten und erst später neue Aufgaben übernahmen, nennt man **Präadaptation** oder besser **Prädisposition**. Dabei darf der Begriff Präadaptation aber nicht so verstanden werden, dass er eine Zielgerichtetheit der Evolution impliziert. Die Federn der Vögel beispielsweise entstanden ursprünglich nicht als Strukturmerkmale für das Fliegen, sondern möglicherweise zur Thermoregulation.

Der aufrechte Gang

Die bislang ältesten Fossilien von Hominoiden sind etwa 38 bis 24 Millionen Jahre alt. Zu ihnen zählt der in Ägypten gefundene Aegyptopithecus, der einerseits Merkmale baumlebender, früchtefressender Tieraffen, andererseits hominoide Merkmale aufweist: Die Kronen seiner unteren Backenzähne haben fünf Höcker, getrennt durch Y-förmige Schmelzfalten. Dieses 5-Y-Muster kennzeichnet alle Hominoiden innerhalb der Primaten.

In den Baumsavannen Ostafrikas lebten die ersten Hominiden.

Zunehmende Trockenheit und Abkühlung führten vor etwa sechs Millionen Jahren zum Rückgang der tropischen Regenwälder. Aus dem zusammenhängenden Regenwald entstanden Waldinseln und Savannen. Primaten, die wie Ardipithecus gut klettern, sich aber am Boden auch zweibeinig bewegen konnten, hätten hier einen Selektionsvorteil gehabt. Nach der Savannenhypothese soll sich der aufrechte Gang erst in der Savanne entwickelt haben. Man kennt aber auch ältere Fossilien von vermutlich aufrecht gehenden Hominiden wie Sahelanthropus, die noch zu Zeiten dichter Regenwälder lebten. Auf jeden Fall aber bot die Bipedie Selektionsvorteile: Mit den freien Vordergliedmaßen können Nahrung oder Kinder leichter getragen werden, das Aufrichten erlaubt im hohen Savannengras ein Sichern über weite Flächen, und die Regulierung der Körpertemperatur fällt leichter. Von den Angehörigen der Hominidengattung Australopithecus, die erstmals vor 4,5 Millionen Jahren auftraten, weiß man jedenfalls, dass sie aufrecht gingen und vorwiegend Savannenbewohner waren. Australopithecinen benutzten vermutlich auch Steine und Stöcke als Werkzeuge, doch setzte die systematische Herstellung und Verwendung von Werkzeugen, die älteste Form von Kultur, erst mit dem Auftreten der Gattung Homo ein.

Spurensuche

Auch ohne einen einzigen Fossilfund von Hominiden bestünde nach der großen Zahl von Homologien kein Zweifel an der Primatenverwandtschaft des Menschen. Für das Verständnis der stammesgeschichtlichen Zusammenhänge jedoch sind die in jahrzehntelanger Forschungsarbeit zusammengetragenen Fossilien von Vorfahren des heutigen Menschen von herausragender Bedeutung.

Um die wenigen fossil erhaltenen Reste menschlicher Vorfahren zu finden, sind viel Glück, Geduld und Können erforderlich. So trugen beispielsweise der Frankfurter Wissenschaftler Friedemann Schrenk und seine afrikanischen Mitarbeiter in zwölfjähriger Arbeit in Malawi gerade einmal 599 katalogisierenswerte Bruchstücke zusammen, oft nur Knochenklumpen und -splitter. Die Funde werden anschließend fotografiert, registriert, und ihre Lage wird mit dem Global Positioning System (GPS) ermittelt. Kleinere Überreste werden zum Transport in Tüten verpackt. Oft muss der gesamte Gesteinsblock samt Fossilien freigelegt und abtransportiert werden. Erst im Labor wird jedes einzelne Bruchstück präpariert und mit anderen Stücken der Umgebung verglichen. Mit der Herstellung und Verwendung von Steinwerkzeugen kommen neuartige Zeugnisse hinzu. Die ältesten, etwa 2,5 Millionen Jahre alten Werkzeuge aus der Olduvai-Schlucht in Tansania sind einfache, ein- oder zweiseitig grob behauene Kieselsteine, sogenannte Chopper (Abb. s. S. 146). Diese Kulturstufe hielt sich mehr als eine Million Jahre, bis sie vor rund 1,4 Millionen Jahren in Afrika durch feiner bearbeitete Werkzeuge abgelöst wurde: Mit einem Schlagstein wurden Geröllsteine derart behauen, dass scharfkantige Abschläge und ein Kernstück entstanden. Die Abschläge eigneten sich zum Schneiden von Haut, Fleisch und Sehnen, das Kernstück zum Aufschlagen von Knochen.

Unsere Vorfahren mussten in der Übergangsphase vom Vier- zum Zweibeiner funktionelle Nachteile hinnehmen. Das anfänglich unbeholfene Laufen auf zwei Beinen bedeutet ein höheres Risiko bei der Flucht, einen hohen Energieverbrauch bei der noch wackligen Fortbewegung und eine ungünstige Belastung der an vierfüßiges Laufen angepassten Gelenke. Die **Aquatic-Ape-Hypothese** nimmt daher an, Bipedie könnte über das Waten im Wasser entstanden sein, wie man es heute bei Gorillas und Schimpansen beobachten kann. So könnten sich frühe Hominiden mit proteinreicher Nahrung wie Muscheln versorgt haben. Diese Nahrung könnte der entscheidende Faktor für die enorme Vergrößerung des menschlichen Gehirns gewesen sein.
Für die Aquatic-Ape-Hypothese spricht auch, dass zahlreiche Begleitfunde zu fossilen Australopithecinen wie Fischgräten, Muschel- und Wasserschneckenschalen auf ein Leben am Wasser hinweisen.

Funde und ihre Interpretation

Ziel einer Fundstättenanalyse ist die Rekonstruktion der Lebensweise früherer Populationen. Vielfach ist das bloße Vorhandensein von Stein-

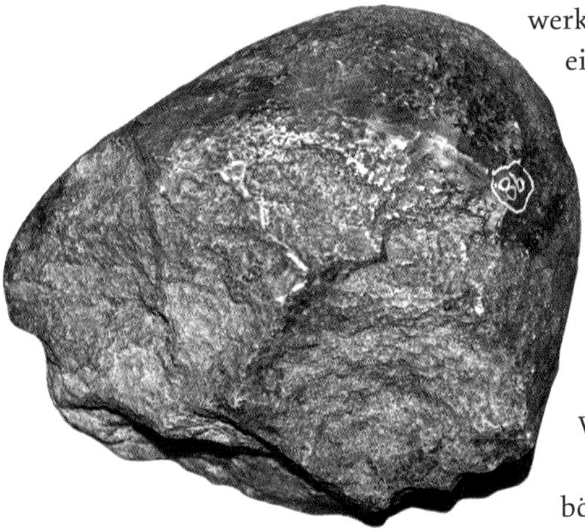

Bei Grabungen in den 1960er-Jahren fand Mary Leakey in der Olduvai-Schlucht in Tansania grob behauene Steinwerkzeuge aus Basalt. Solche Chopper genannten Geröllgeräte kennt man aus Ostafrika bis vor 1,5 Millionen Jahre. Als Hersteller kommen Homo rudolfensis und Homo habilis in Frage.

werkzeugen rund um fossile Tierknochen schon ein Beleg für menschliche Aktivität. Die Knochen werden auf mögliche Schnitt-, Säge- oder Schlagspuren untersucht. Bei der Auswertung der Ergebnisse werden alle Elemente der Fundstätte nach Alter, Anzahl, Beschaffenheit, Bearbeitung oder Veränderung analysiert und interpretiert. Solche Details erlauben Aussagen darüber, ob es sich bei der Fundstätte um einen Wohnplatz, eine Schlachtstätte, einen Vorratsplatz oder eine Kultstätte gehandelt hat.

Aus unzähligen Einzelfunden von Kieferbögen, Zähnen, Schädel- oder anderen Knochenfragmenten wird versucht, Entwicklungs- und Abstammungsreihen zum heutigen Menschen zu rekonstruieren. Deren Aussagekraft wird häufig durch die geringe Anzahl der Fossilien, ihren teilweise schlechten Erhaltungszustand, Unsicherheiten in der Datierung oder das Fehlen möglicher Begleitfunde wie Werkzeugen oder Lagerplätzen begrenzt. Nur durchschnittlich alle 5000 bis 10 000 Generationen dokumentiert ein Fund die frühe Evolution des Menschen. Die großen zeitlichen Lücken relativieren die Aussagekraft eines Fundes von der Alternative richtig oder falsch eher nach mehr oder weniger wahrscheinlich.

Sind Fossilien direkte Zeugen des Entwicklungsweges, geben Genomforschung und Vergleiche körperlicher, biochemischer und verhaltensbiologischer Merkmale heute lebender Primaten indirekt Aufschlüsse über unsere Vergangenheit. Der Vergleich homologer DNA-Sequenzen bei Mensch und Menschenaffen bekommt eine zunehmende Bedeutung. Darüber hinaus werden fossile Überreste von Lagerstätten und Werkzeugen mit Befunden von noch heute lebenden Jäger- und Sammlerkulturen verglichen. Die Untersuchung des Sozialverhaltens der Menschenaffen ermöglicht Aussagen über den Zusammenhang von Gehirngröße und sozialer Kompetenz.

Die frühe Fossilgeschichte des Menschen

Seit etwa 25 000 Jahren wird die Erde von einer einzigen Menschenart bewohnt, der Art Homo sapiens. Fossilfunde zeigen aber, dass in den letzten vier Millionen Jahren mehrere, verschiedenen Arten und Gattungen zugeordnete Menschenformen teils zur gleichen Zeit, teils nacheinander existiert haben. Von manchen Formen sind umfangreiche Reste erhalten, von anderen kennt man bislang nur Schädel- oder Kieferfragmente. So lässt sich die menschliche Abstammungsgeschichte heute in ihren Grundzügen nachzeichnen, wenngleich die Seltenheit fossiler Erhaltung eine lückenlose Rekonstruktion prinzipiell unmöglich macht. 25 bis neun Millionen Jahre alte Fossilfunde aus Afrika und Europa, die Wissenschaftler als Dryopithecinen zusammenfassen, gelten als Stammgruppe aller Hominiden.

Etwa sieben Millionen Jahre alt ist der Schädel von Sahelanthropus tchadensis, dessen Einzelteile 2001 im Tschad gefunden und zusammengesetzt wurden. Mit relativ kleinen Eckzähnen und kurzer Schnauze zeigt er schon einige menschliche Merkmale. Es wird vermutet, dass er auch bereits aufrecht gehen konnte. Da es sich um einen Einzelfund handelt, ist eine sichere Einordnung in die Verwandtschaft des Menschen aber nicht möglich.

Als Vormenschen oder Prähominine bezeichnet man die Formen, die noch nicht alle Merkmale der echten Menschen besaßen und keine Werkzeuge bearbeiteten. Man fasst die verschiedenen Gattungen und Arten in der Verwandtschaftsgruppe der Australopithecinen zusammen: Ardipithecus ramidus lebte vor rund 4,4 Millionen Jahren in der Randzone des Regenwaldes in Ostafrika, konnte aufrecht gehen, gut klettern und ähnelte stark den heutigen Menschenaffen.

Von Australopithecus afarensis wurde zuerst ein beinahe vollständiges Skelett gefunden, das unter dem Namen Lucy bekannt wurde. Inzwischen liegen fossile Überreste von mehr als 120 Individuen vor, die zwischen 3,8 und 2,9 Millionen Jahre alt sind. Die Fundorte erstrecken sich von Äthiopien bis Südafrika.

Der aufrechte Gang lässt sich durch den Bau des Beckens, aber auch durch in vulkanischer Asche konservierte Fußspuren direkt belegen. Das Hirnvolumen lag zwischen 400 und 500 Kubikzentimeter.

Weitere Australopithecinen wie Australopithecus anamensis, A. africanus, A. boisei und A. robustus, die in einem Zeitraum von knapp vier bis vor etwa 1,3 Millionen Jahren in Afrika lebten, zeichnen sich alle durch drei Merkmale aus: Sie gingen aufrecht, ihr Gehirn war kaum größer als das eines heutigen Schimpansen, und ihre Eckzähne waren nur wenig größer als die übrigen Zähne.

Homo

Vertreter der Gattung Homo, die als Frühmenschen oder Euhominine bezeichnet werden, finden sich erstmals vor rund 2,5 Millionen Jahren in Ostafrika, zeitgleich mit Australopithecinen. Von diesen unterscheiden sie sich durch ein deutlich größeres Gehirn, kleinere Zähne und längere Beine sowie durch das Herstellen von Werkzeugen. Man vermutet eine monophyletische Abstammung der Gattung Homo von einer der Australopithecinenarten. Homo habilis und Homo rudolfensis wiesen beide ein Mosaik ursprünglicher und fortschrittlicher Merkmale auf und besaßen ein Gehirnvolumen von etwa 600 bis 750 Kubikzentimeter. Sie konnten scharfkantige Abschläge von Steinen herstellen, die das Zerlegen von Tieren ermöglichten. Damit erschloss sich ihnen als Fleischessern gegenüber den vorwiegend von Pflanzen lebenden Australopithecinen eine neue ökologische Nische. Vor 1,8 Millionen Jahren tauchte mit Homo ergaster eine dem modernen Menschen viel ähnlichere Art auf, deren Gehirn mit 870 Kubikzentimeter bereits zwei Drittel des Gehirnvolumens heutiger Menschen erreichte. Er wird auch als frühe Form des Homo erectus angesehen. Von den vor 1,6 Millionen Jahren gleichzeitig existierenden fünf oder sechs Hominidenarten überlebte schließlich nur Homo erectus. Angehörige dieser Art hatten ein Gehirnvolumen von 750 bis 1250 Kubikzentimeter. Ihr Skelett entsprach weitgehend dem des modernen Menschen. Allerdings waren die Knochen kräftiger. Die Hirnschale war länglicher und flacher, der Gesichtschädel dagegen größer und besaß vorstehende Überaugenwülste. Homo erectus benutzte

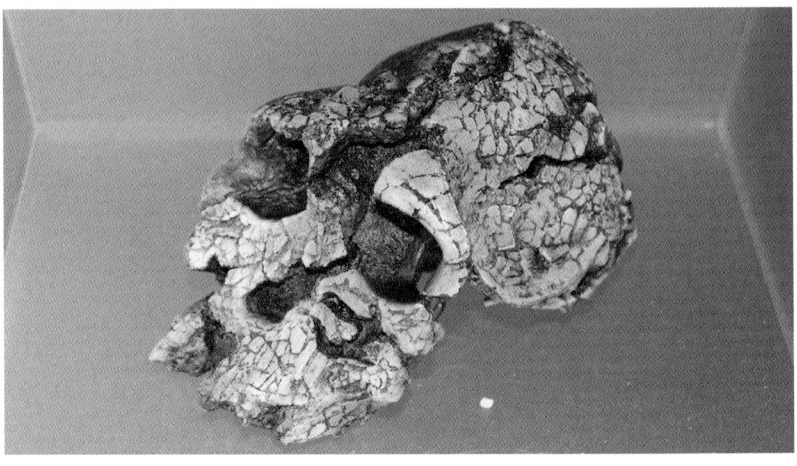

Australopithecus afarensis.

bereits das Feuer und stellte verschieden geformte Werkzeuge aus Feuerstein her. Er wanderte als erste der fossilen Menschenformen von Afrika aus nach Asien und Europa. Fossilien aus den verschiedenen Teilen der Alten Welt zeigen, dass die räumlich getrennten Linien eine unterschiedliche Evolution durchliefen. In Eurasien überlebte Homo erectus bis vor etwa 250 000 Jahren, in tropischen Regionen wurde er später durch unsere eigene Art Homo sapiens verdrängt.

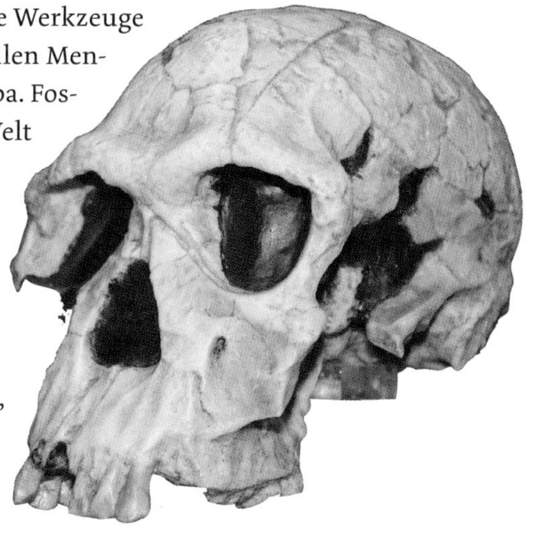

Homo habilis.

Aus dem oben Beschriebenen wird deutlich, dass die Entwicklung zum Menschen weder zielgerichtet war, noch in allen Merkmalen synchronisiert. Der Weg zu Homo sapiens ist geprägt durch ein Beziehungsgeflecht vielfältiger Faktoren, die sich oft gegenseitig beeinflussten. Die Faktoren der biologischen Evolution nahmen aber mit der Zeit an Bedeutung ab, während die der kulturellen Evolution stetig zunahmen. Da die Evolutionsmerkmale des Menschen wie Werkzeuggebrauch, Kommunikation, Gehirnstruktur und Sozialverhalten auch bei anderen Primaten angelegt sind, ist eine präzise Antwort auf die Frage, ab wann ein Primatenvorfahre ein Mensch war, kaum möglich. Beim frühen Homo sapiens und beim Neandertaler ist mit zunehmender sozialer Organisation das Charakteristikum des Menschen erreicht – menschliche Kognition und Bewusstsein.

Als Angepasstheit an die herrschenden Klimabedingungen haben sich die Australopithecinen in eine »grazilere«, allesfressende Linie und eine »robustere« Linie, die sich auf vegetarische Nahrung spezialisierte, getrennt. Zu der robusteren Form mit kräftigen Kaumuskeln, die an einem hohen Knochenkamm auf dem Schädeldach ansetzten, und mit vergrößerten Kauflächen der Backenzähne zählt der »Nussknacker-Mensch«, den viele Autoren mit **Paranthropus** als eine von Australopithecus verschiedene Gattung behandeln. Andere Autoren betrachten die an hartfasrige Pflanzennahrung angepasste Arten der Gattung Paranthropus (P. boisei, P. robustus, P. aethiopicus) als späte Arten der Gattung Australopithecus.

Der Ursprung des anatomisch modernen Menschen

Durch Artumbildung entwickelte sich aus afrikanischen Populationen des Homo erectus der Homo sapiens. Altertümliche Formen mit großem Gehirn und flachem Gesicht erwarben vor etwa 260 000 Jahren nach und nach immer mehr Eigenschaften, die für den modernen Menschen typisch sind.

Fossilfunde zeigen, dass es eine Vielzahl von Vormenschenarten gab. Aus welcher die heute alleinige Art Homo sapiens hervorging, lässt sich aufgrund der wenigen Fossilrelikte nicht genau belegen.

Chronologie der Hominiden

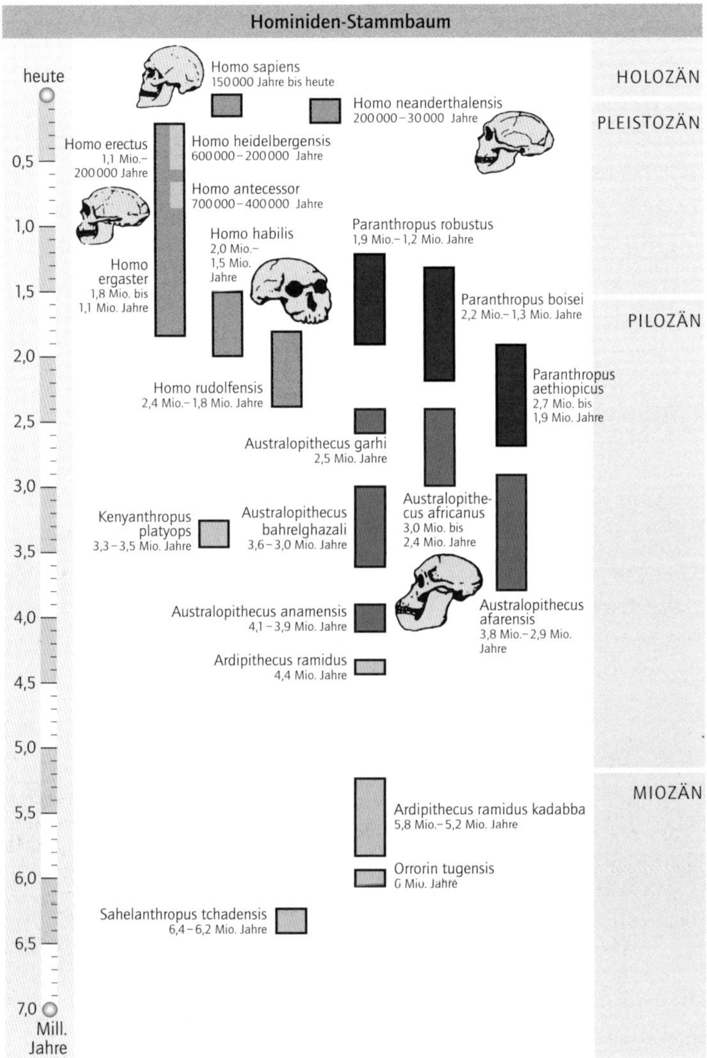

Fossilien aus Herto in Äthiopien gelten mit 195000 Jahren als die ältesten Fossilien von Homo sapiens. Etwa zur gleichen Zeit nahm die Kreativität bei der Werkzeugherstellung schnell zu. Es bildeten sich in Afrika unterschiedliche Regionalstile, und es wurden erstmals Schmuck und einfache Skizzen aus Ockerfarbe hergestellt.

Gegenwärtig vertritt die Mehrzahl der Forscher die Ansicht, dass alle heutigen Menschen von einer kleinen Gruppe von Afrikanern abstammen, die sich beginnend vor 100 000 Jahren von Afrika aus über die ganze Welt verbreitete. Vor rund 40 000 Jahren wanderte eine Teilpopulation auch in Europa ein. Nach Fundorten in Frankreich werden die ältesten europäischen Jetztmenschen Crô-Magnon-Menschen genannt. Anatomisch unterschieden sie sich von ihren Vorfahren durch kleinere Zähne, den hoch gewölbten Hirnschädel, einen Unterkiefer mit vorstehendem Kinn und einen grazileren Körperbau. Sie fertigten feinste Steinwerkzeuge an und schufen Kunstwerke wie die Höhlenmalereien von Chauvet und Lascaux. Die Figuren aus Mammutelfenbein aus den Höhlen der Schwäbischen Alb, der Löwenmensch, der Adorant und die Venus vom Hohle Fels, gelten mit einem Alter von 30 000 bis 40 000 Jahren als älteste plastische Figuren der Menschheit.

Die Herkunft des anatomisch modernen Menschen, also der Menschenart Homo sapiens, zu der alle heute lebenden Menschen gehören, ist im Detail noch immer ein Geheimnis. Dies liegt vor allem an der Lückenhaftigkeit von Fossilfunden. Wenngleich die Fundorte nicht die tatsächliche Verbreitung der frühen Menschheit widerspiegeln, so darf aus der Fülle der Funddaten doch mit großer Sicherheit geschlossen werden, dass die Evolution der Menschen in Afrika ihren Ausgang nahm. Bezüglich der weiteren Entwicklung zum Jetztmenschen wurden mehrere Hypothesen aufgestellt.

Felsvorsprünge wie der Abri von Les Eyzies im Tal der Vézère waren bedeutende Siedlungsplätze des Crô-Magnon-Menschen.

Nach der Hypothese vom multiregionalen Ursprung entstand die geografische Vielfalt des Menschen relativ früh, als sich Homo erectus vor ein bis zwei Millionen Jahren von Afrika aus über die anderen Kontinente ausbreitete. Die charakteristischen Merkmalsunterschiede der heutigen menschlichen Großgruppen wie Asiaten, Europäer oder Schwarzafrikaner hätten sich demnach in einem

NEANDERTALER – VORFAHRE ODER SEITENZWEIG?

Neandertaler sind mit dem heutigen Menschen zeitlich und kulturell nahe verwandt. Obwohl sie zu den am besten erforschten fossilen Hominiden zählen, ist ihre Stellung zum Jetztmenschen noch nicht zweifelsfrei geklärt. Die Bezeichnung Neandertaler geht auf den ersten Fund im Neandertal bei Düsseldorf zurück. Die Neandertaler lebten vor 200 000 bis vor 28 000 Jahren in Europa und im Nahen Osten. Der Neandertaler wurde bis 1,60 Meter groß, wog bis 80 Kilogramm und hatte mit 1200 bis 1750 Kubikzentimeter ein Hirnvolumen, das größer sein konnte als das des modernen Menschen. Er war als erfolgreicher Jäger an ein eiszeitliches Leben in den kühlen Regionen in Europa und Vorderasien angepasst.

Vom modernen Homo sapiens, dem Jetztmenschen, unterschied er sich durch den muskulöseren Körperbau, massive Knochen, Überaugenwülste und ein fliehendes Kinn.

Die Technik der Steinbearbeitung war nicht einfach, wie vielfach behauptet wurde. Sie schufen Schaber und Spitzen aus Feuerstein, die der Moustérien-Werkzeugkultur zuzuordnen sind. Die ausgefeilte Herstellung unterschiedlicher Werkzeuge zeigt ein hohes Maß an vorausschauender Planung. Gelegentlich

Fundorte von Neandertalerfossilien.

Verbreitung des Neandertalers

bestattete der Neandertaler auch seine Toten, ob dies aber eine kultische Handlung war oder nur deshalb geschah, damit Hyänen ihm nicht lästig wurden, ist eine offene Frage. Den vor 45 000 Jahren nach Europa einwandernden modernen Menschen sind die Neandertaler zunächst nicht gewichen. Bis sie schließlich vor 28 000 Jahren spurlos verschwanden, lebten beide Menschenformen viele Tausend Jahre nebeneinander. Wissenschaftliche Erkenntnisse lassen sogar den Schluss zu, dass der Neandertaler und der Homo sapiens nicht nur nebeneinander gelebt haben, sondern dass sich die beiden Menschenarten auch untereinander gepaart haben. Forscher des Max-Planck-Instituts für evolutionäre Anthropologie in Leipzig haben DNA-Spuren des Neandertalers im Erbgut des modernen Menschen gefunden. So tragen laut der Berechnungen der Wissenschaftler einige heute lebende Menschen ein bis vier Prozent der Neandertaler-DNA in sich. Archäologische Funde lassen den Schluss zu, dass die Vermischung von Neandertalern und frühen anatomisch modernen Menschen wahrscheinlich vor 100 000 bis 50 000 Jahren im Mittleren Osten stattfand, also noch bevor sich die menschliche Population über Eurasien ausbreitete.

Unter den vielen Theorien zu den Ursachen ihres Aussterbens gelten Klimaveränderungen und subtile Unterschiede in biologischen Eigenschaften wie beispielsweise eine geringere Fortpflanzungsrate als bei den modernen Menschen als die anerkanntesten.

Heute betrachten die meisten Forscher den Neandertaler als eigene Art Homo neanderthalensis. Funde aus verschiedenen Teilen Europas belegen, dass Vorfahren des Neandertalers schon vor 900 000 Jahren nach Europa einwanderten. Als frühester Vorfahre des Neandertalers gilt Homo heidelbergensis, benannt nach einem 600 000 Jahre alten Unterkiefer, der in Mauer bei Heidelberg gefunden wurde.

Auch die Frühmenschen von Bilzingsleben zählen wohl zu den Vorfahren des Neandertalers. Unklar aber ist, ob sie eine europäische Unterart des Homo erectus waren oder ob sie der Art Homo heidelbergensis zuzuordnen sind. Die in der Fachliteratur unterschiedlichen Abgrenzungen beruhen darauf, dass die Übergänge von Homo erectus, Homo heidelbergensis und frühen Neandertalern als graduell angesehen werden müssen. ■

langen Zeitraum in den Regionen herausgebildet, wo diese Gruppen, die auch als Rassen bezeichnet werden, heute leben. Die genetische Ähnlichkeit aller modernen Menschen wird damit erklärt, dass durch Kreuzungen zwischen benachbarten Populationen ein Genfluss durch das gesamte geografische Verbreitungsgebiet des Menschen entstand.

Out of Africa

Die Hypothese vom afrikanischen Ursprung des modernen Menschen geht davon aus, dass sich nur eine bestimmte Population des Homo erectus vor etwa 200 000 Jahren in Afrika zum Homo sapiens entwickelte. Nach dieser auch Arche-Noah-Modell oder Out-of-Africa-Hypothese genannten Vorstellung hat sich Homo sapiens danach von Afrika aus über die gesamte Welt ausgebreitet. Alle anderen regionalen Nachfahren des Homo erectus starben aus, ohne zum Genpool des heutigen Menschen beizutragen. Nach diesem Modell stammen alle heutigen Menschen von einer möglicherweise sehr kleinen Homo sapiens-Gründerpopu-

Mögliche Abstammungsverhältnisse und Verbreitungsgebiete des frühen Menschen.

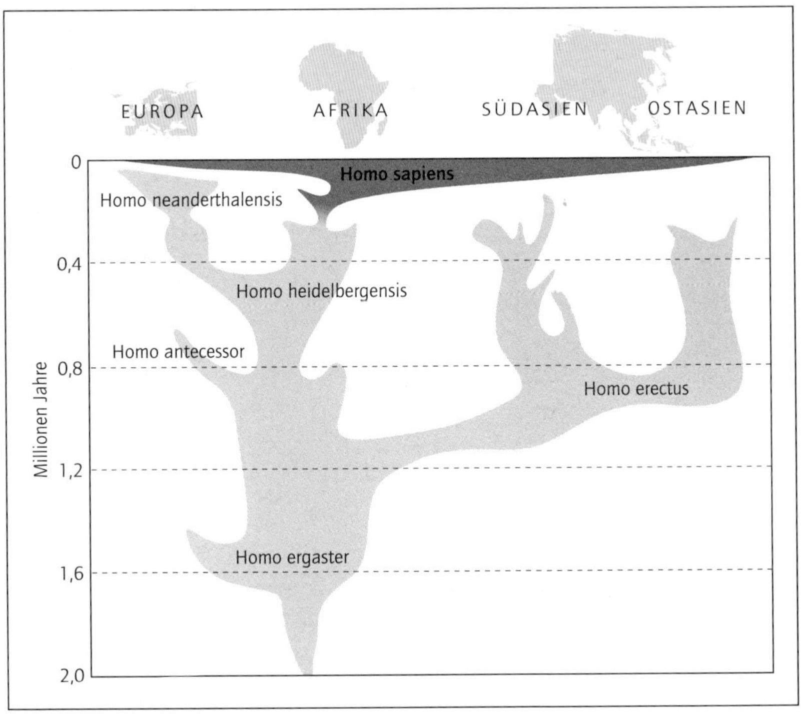

lation ab und haben eine viel längere gemeinsame Entwicklung durchlaufen, als nach dem multiregionalen Modell angenommen werden muss.

Die prähistorischen Wanderungen können aber nicht nur aus Fossilien und Werkzeugfunden erschlossen werden, sondern auch anhand molekulargenetischer Untersuchungen. So ergeben DNA-Analysen von Menschen aus verschiedenen Erdteilen eine viel geringere Variation des Sequenzmusters, als es verschiedene Bevölkerungsgruppen innerhalb Afrikas aufweisen, was sowohl auf einen gemeinsamen Vorfahren hinweist als auch auf ein geringes Alter der eigenständigen Entwicklung außerhalb Afrikas, was das Out-of-Africa-Modell unterstützt.

Die Variabilität des modernen Menschen entstand durch unterschiedliche Selektionsbedingungen in den Besiedlungsgebieten. Sie führten dazu, dass die verschiedenen Menschengruppen unterschiedliche Anpassungsmerkmale entwickelten. Dunklere Hautfarbe schützt beispielsweise vor intensiver tropischer Sonneneinstrahlung, bestimmte Blutgruppen sind vermutlich bei verschiedenen Infektionskrankheiten von Vorteil. Neben der Selektion haben sicher auch die Gendrift und die Isolation zur Entstehung der geografischen Vielfalt des Menschen beigetragen.

Auf der Insel Flores östlich von Java entdeckten Anthropologen 2003 ein 18000 Jahre altes Skelett einer kleinwüchsigen Menschenart. Es handelte sich um Überreste einer etwa 30-jährigen Frau, die nur 1,06 Meter groß und 25 Kilogramm schwer war. Der robuste Knochenbau mit fliehender Stirn und deutlich ausgeprägten Überaugenwülste ähnelt dem eines Homo erectus. Das nur 380 Kubikzentimeter große Gehirn entspricht dem der vor 1,5 Millionen Jahre ausgestorbenen Australopithecinen. Ähnlich wie bei Homo habilis sind die Arme gegenüber den kurzen Beinen verhältnismäßig lang. Demnach soll der Frühmensch von Flores von Homo erectus abstammen und sich auf der isolierten Insel zur Art **Homo floresiensis** entwickelt haben. Andere Forscher gehen aber davon aus, dass der »Hobbit« von Flores ein zwergenhafter Vertreter der Art Homo sapiens sei. Dafür sprechen auch bei den Knochen gefundene Steinwerkzeuge.

Mit dem Ende der letzten Eiszeit ging auch die Altsteinzeit vor etwas mehr als 10000 Jahren ihrem Ende entgegen. In zunehmend rascherer Folge entstanden neue Werkzeugtechniken, bis schließlich durch die Erfindung der Metallbearbeitung neue technische Revolutionen ausgelöst wurden. Und obwohl die zunehmende Mobilität des modernen Menschen sowohl seine Kultur als auch seine biologischen Unterschiede vereinheitlichen, findet Evolution auch in Zukunft statt. Welche Faktoren in der langen Geschichte des Lebens bis zur Gegenwart als Ursachen der Evolution wirksam waren, wird im folgenden Kapitel dargestellt.

EUROPAS FRÜHE KULTUR

Die ältesten Kunstwerke der Menschheit bilden die weltberühmten Tier- und Menschenfiguren von der Schwäbischen Alb. Der jüngste Fund aus den Sedimenten der Hohle-Fels-Höhle bei Schelklingen brachte das älteste Kunstwerk der Welt zutage, eine 35 000 bis 40 000 Jahre alte Frauenstatuette aus Elfenbein. Die Venus vom Hohle Fels ist knapp 60 Millimeter groß, wiegt 33 Gramm und wurde aus einem Mammutstoßzahn geschnitzt. Vielleicht diente sie als Fruchtbarkeitssymbol. In der gleichen Höhle wurde auch das älteste Musikinstrument der Welt, eine 36 000 Jahre alte Flöte aus Schwanenknochen gefunden. Aus der Hohlenstein-Stadel-Höhle stammt die knapp 30 Zentimeter hohe weltberühmte Statuette des Löwenmenschen. Der Fund einer zweiten, wenn auch wesentlich kleineren Löwenmenschenfigur zeigt ebenso wie der Adorant aus dem Geißenklösterle, eine Figur mit erhobenen Armen, dass die Menschen der Altsteinzeit ihren Figuren eine besondere Bedeutung zudachten. Anders als die Tierfiguren von Wildpferd, Mammut oder Bison standen die Mischwesen aus Mensch und Tier wohl im Zentrum schamanischer, magisch-religiöser Kulte. Dafür spricht auch das Elfenbeinfigürchen eines Wasservogels. Wasservögel spielen auch bei Schamanen der Jetztzeit als Grenzgänger zwischen Luft- und Wasserwelt eine bedeutsame Rolle. Welche Ideen im Einzelnen die Menschen des Eiszeitalters in ihren Kunstwerken verwirklichten, bleibt für uns wohl immer ein Geheimnis. Auf jeden Fall aber dokumentieren figürliche Kunst und Musikinstrumente schon für das frühe Jungpaläolithikum vor etwa 40 000 Jahren eine voll entwickelte symbolische Kommunikation, die der des modernen Menschen entspricht.

Europas frühe Kultur und Tradition wurde zunächst in Frankreich systematisch untersucht. Daher werden die verschiedenen Schaffensperioden des Homo sapiens nach französischen Fundorten von Werkzeugen, Amuletten und Waffen benannt. So ist das Aurignacien bis vor 28 000 Jahren die früheste Zeit der Gravuren und Statuetten, zu welchen auch die Ansammlung der Kleinkunstwerke der Höhlen Vogelherd und Geißenklösterle zu rechnen sind. Viele Venusfiguren entstehen im anschließenden Gravettien (28 000–22 000 Jahre), und das Magdalénien (18 000–11 500 Jahre) ist die Blütezeit der Höhlenmalereien. Im dazwischen liegenden Solutréen (22 000–18 000 Jahre) fand die Technik der Feuersteinbearbeitung ihren Höhepunkt, und die Erfindung der Knochennadel mit einer Öse für dünne Fäden war für nahezu 20000 Jahre ein entscheidender Durchbruch für die Herstellung von Kleidung.

Mit einem Alter von 30000 Jahren gelten die Malereien der Grotte Chauvet als die ältesten Europas. Über 300 Tierszenen zeigen einen urzeitlichen Zoo mit Nashorn, Löwe und Hyäne. Handabdrücke sind besonders häufige Motive. Sind sie die Signaturen der Künstler, mit denen sie etwas von sich für die Nachwelt hinterlassen wollten? 10000 bis 15000 Jahre jünger sind die Zeichnungen von Lascaux und anderen Orten in Südwestfrankreich und Nordspanien. Die Menschen jener Zeit siedeln am Höhleneingang oder unter dachartigen Felsvorsprüngen. Warum sie tief im Innern der dunklen Höhlen Tierzeichnungen anfertigen, wissen wir nicht. ■

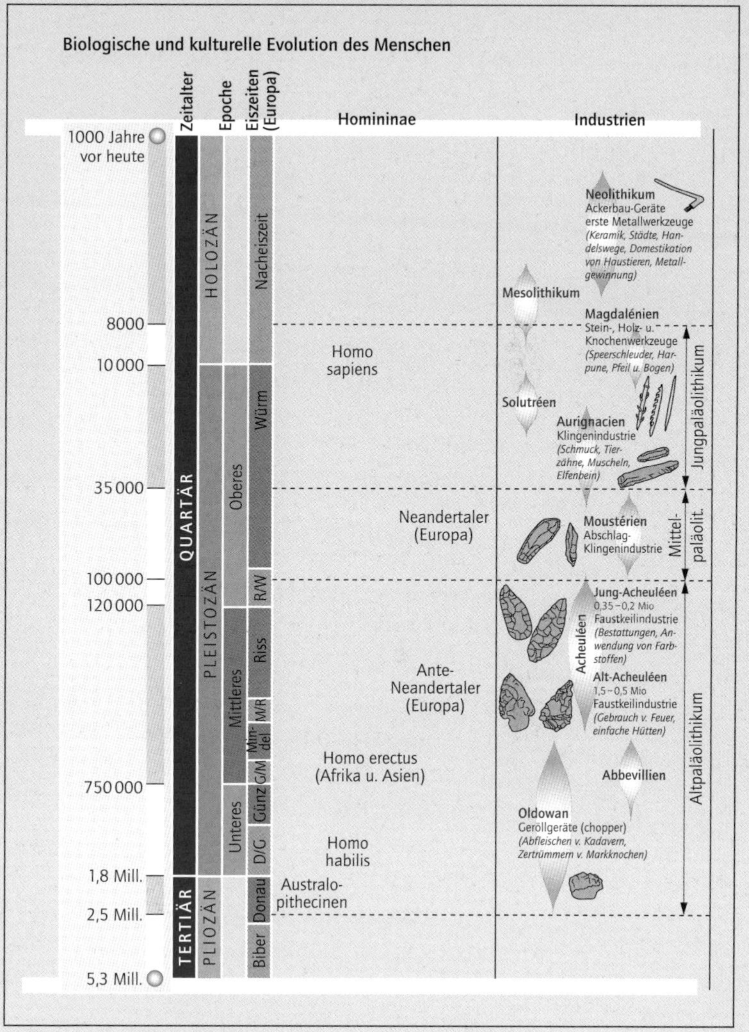

Biologische und kulturelle Evolution des Menschen.

ZMZ 5310
ZMZ 5016
ZMZ 5241
ZMZ 5351
ZMZ 5232
ZMZ 5279
ZMZ 5018
ZMZ 5155
ZMZ 5112
ZMZ 5298
ZMZ 5184
ZMZ 5368
ZMZ 5006
ZMZ 5360
ZMZ 5277

Oben: Ein auffälliges Prachtgefieder wie das des Paradiesvogels ist zwar als sexueller Auslöser bei der Balz überaus wirksam, vermindert aber die Überlebenschance gegenüber Fressfeinden.

Der Evolutionsprozess – Mechanismen der Entfaltung

Die Evolutionsforschung versucht die Gesetzmäßigkeiten zu erfassen, die dem Evolutionsvorgang zugrundeliegen. Sie gibt Antworten auf die Frage, warum die belebte Welt heute so ist, wie sie sich uns darstellt. Einer der Begründer der modernen Evolutionsbiologie, Theodosius Dobzhansky, vertrat sogar die Meinung, dass nichts in der Biologie einen Sinn ergebe, außer im Licht der Evolution.

Populationen und ihre genetische Struktur

Die wesentlichen Evolutionsfaktoren sind Mutation, Rekombination, Selektion, Isolation und zufällige genetische Drift. Kennzeichnend für diese Faktoren ist, dass sie auf die Gesamtheit der Erbanlagen, der Gene, einer Fortpflanzungsgemeinschaft einwirken. Die Evolutionsforschung betrachtet demnach die Population als Einheit der Evolution, wenn auch die verschiedenen Faktoren der Evolution am einzelnen Individuum ansetzen.

Die Gehäuse der Hainbänderschnecken in der Abbildung links wurden im Umkreis von wenigen hundert Metern am Rande eines Laubmischwaldes gesammelt. An ein und demselben Standort findet man Schnecken mit unterschiedlicher Färbung und Bänderung des Gehäuses. Alle Individuen dieses Lebensraumes sind Mitglieder einer Population. Unter Population versteht man eine Gruppe artgleicher Individuen in einem begrenzten Verbreitungsgebiet, die sich unbegrenzt untereinander fortpflanzen und dadurch Gene austauschen können. Die Gesamtheit der Gene einer Population stellt den Genpool dar. Das einzelne Individu-

Links: Gehäuse von Hainbänderschnecken einer Population.

um trägt nur einen Teil der Gene des gesamten Genpools der Population. Die Häufigkeit, mit der bestimmte Allele in der Population vertreten sind, wird als Genfrequenz bezeichnet. Wie oft bestimmte Phänotypen innerhalb der Population auftreten, ist von der Genfrequenz abhängig. Die Gesamtheit der Allel- und Genfrequenzen wird auch als genetische Struktur einer Population bezeichnet.

Variation, Mutation und Rekombination

Variationen innerhalb einer Population beruhen einerseits auf den unterschiedlichen Erbanlagen der Individuen, der genetischen Variation, andererseits darauf, dass Umwelteinflüsse an der Ausprägung der Merkmale modifizierend mitwirken. Für diese phänotypische Variation sind unter anderem Klima- und Bodenverhältnisse, Nahrungsangebot und mechanische Faktoren wichtig.

Bei der Hainbänderschnecke sind die Variationen des Gehäuses genetisch bedingt. Man spricht von genetischer Variation. Von den Genen, die für die Farbe und die Bänderung verantwortlich sind, gibt es jeweils mehrere verschiedene Allele.

Das Vorkommen genetisch verschiedener Individuen innerhalb einer Population heißt Polymorphismus. Diese genotypische Variabilität innerhalb der Population ist die Grundlage für die evolutive Anpassung einer Art an die besonderen und wechselnden Bedingungen der Umwelt.

Vererbung beruht darauf, dass die Erbinformation identisch verdoppelt und weitgehend fehlerfrei an die Nachkommen weitergegeben wird. In seltenen Fällen kommt es dabei zu Fehlern, den Mutationen. Wenn durch Mutation eine neue genetische Information entsteht, vergrößert sich der Genpool einer Population und damit gleichzeitig ihre genetische Variabilität. Letztlich ist Mutation der basale, Neues schaffende Faktor der Evolution.

Eine weitere Ursache der genetischen Variabilität einer Population liegt in der Neukombination von Allelen bei der geschlechtlichen Fortpflanzung. Man spricht von Rekombination. Die Anzahl der möglichen Keimzellen steigt mit der Anzahl der Chromosomenpaare. Die homologen Chromosomen, die verschiedene genetische Information tragen können, werden bei der Keimzellbildung getrennt und nach Zufall auf die entstehenden Keimzellen verteilt. Durch Stückaustausch, Crossing over, während der Reifeteilung wird die Zahl möglicher Kombinationen noch erhöht. Bei der Befruchtung werden Keimzellen mit unterschiedlichen Allelkombinationen, also väterliches und mütterliches Erbgut, ein weiteres Mal neu kombiniert. Immer wieder neue Allelkombinationen erzeugen neue Phänotypen.

Rekombinationen allein führen nicht zur Evolution. Ihre Bedeutung für die Evolution liegt vielmehr darin, dass sie immer neue Genotypen und Phänotypen hervorbringen, die der jeweiligen Umwelt mehr oder weniger gut angepasst sind. Wie groß das mögliche Rekombinationspotential ist, wird durch folgende Rechnung deutlich:

Der Mensch besitzt 23 Chromsomenpaare. Bei der Bildung der Ei- und Samenzelle sind somit aufgrund der zufälligen Verteilung der verschiedenen Chromosomen jeweils $2^{23} = 8\,388\,608$ verschiedene Kombinationen möglich. Bei der Vereinigung von Eizelle und Spermium ergeben sich dann für jedes Elternpaar $2^{23} \times 2^{23} = 70{,}36$ Billionen Möglichkeiten. In dieser Rechnung ist Stückaustausch durch Crossing over, das beim Menschen etwa zweimal je Chromosom vorkommt, noch nicht berücksichtigt. Verglichen mit den eher selten auftretenden Mutationen trägt die Rekombination offensichtlich viel mehr zur genetischen Vielfalt bei. Zwar werden nie alle Allele an die nächste Generation weitergegeben, doch ebenso wenig ist sicher, dass neu aufgetretene Mutationen in der Abstammungslinie erhalten bleiben.

Selektion – der Einfluss der Umwelt

Mutationen und Rekombinationen sind zufällige Ereignisse, die eigentlich dazu führen müssten, dass die genetische Variabilität einer Population ständig zunimmt. Dem aber wirken Einflüsse der Umwelt als natürliche Auslese oder Selektion entgegen: Die natürliche Selektion gibt der Evolution eine Richtung. Diejenigen Individuen, die besser mit den gegebenen Umweltbedingungen zurechtkommen, können mehr Nachkommen erzeugen. Dadurch bringen sie mehr von ihren Allelen in den Genpool ein, verändern die Allelfrequenz also zu ihren Gunsten.

Den Beitrag, den ein Individuum zum Genpool der Population leistet, ist seine Fitness oder Tauglichkeit. Das Maß für die Fitness ist der Fortpflanzungserfolg, der wiederum an der Anzahl der Nachkommen messbar ist. Ursachen unterschiedlicher Fitness sind Unterschiede in der Lebenserwartung, der Fortpflanzungsrate und in der Fähigkeit, einen Geschlechtspartner zu finden. Umgekehrt ist die Abweichung der mitt-

Zwischenartliche Selektion durch Fressfeinde in den marinen Tangwäldern brachte im Zusammenwirken mit Mutation und Rekombination eine so ungewöhnliche tarnende Körperform wie die des Fetzenfisches hervor.

leren Fitness von derjenigen des besten Genotyps die genetische Bürde einer Population.

Die Umwelt stellt an jedes Lebewesen eine Reihe von Anforderungen, die über seine Eignung entscheiden. Dabei setzt die Auslese am Phänotyp des Individuums an, also an seinen Merkmalen. Somit sind nur solche Gene betroffen, die sich ausprägen.

Einwirkungen der unbelebten Natur wie beispielsweise Kälte, Hitze, Trockenheit, Feuchtigkeit, Salzgehalt des Wassers und Lichtmangel zählen zu den abiotischen Selektionsfaktoren.

Biotische Selektionsfaktoren sind Einflüsse, die von anderen Lebewesen ausgehen. Man unterscheidet zwischenartliche Selektion beispielsweise durch Fressfeinde oder Parasiten und innerartliche Selektion durch Konkurrenz um Nahrung, Geschlechtspartner oder Brutreviere.

Im Hinblick auf die Wirkung der Selektion lassen sich drei Formen unterscheiden:

Stabilisierende Selektion verhindert Wandel. Ist eine Population gut an ihren Lebensraum angepasst, sind neu auftretende, abweichende Mutanten in so gut wie allen Fällen schlechter angepasst. Sie können sich in der Population nicht durchsetzen, der Genpool der Population bleibt konstant, die durchschnittliche Fitness erhalten. Stabilisierende Selektion ist für die relative Konstanz von Arten verantwortlich. Fällt die stabilisierende Selektion weg, weil bestimmte Selektionsfaktoren unwirksam werden, können biologische Strukturen ihre Funktion verlieren und degenerieren. So sind viele Höhlentiere blind und farblos, da fehlendes Sehvermögen und fehlende Pigmentierung in ständiger Dunkelheit keine Auslesewirkung besitzen. Ähnliches gilt für Merkmale von Haustieren und Kulturpflanzen, die durch die Obhut des Menschen der stabilisierenden Selektion entzogen sind.

Gerichtete Selektion verändert Populationen. Ändern sich die Umweltverhältnisse oder ist eine Population noch nicht optimal an ihre Umwelt angepasst, können neu auftretende Phänotypen bevorzugt sein. Der Selektionswert vorhandener Allele verändert sich und damit der Genpool. Die Population wandelt sich nach und nach, Evolution findet statt. Gerichtete Selektion ist für die allmähliche Artumwandlung verantwortlich.

Aufspaltende Selektion trennt Populationen. In manchen Fällen sind Populationen einem Selektionsdruck ausgesetzt, durch den die häufigen Formen benachteiligt sind und die seltenen Phänotypen mit extremer Merkmalsausprägung Vorteile haben. Die Teilpopulationen entwickeln sich unterschiedlich weiter. Aufspaltende Selektion ist für die Trennung von Populationen mitverantwortlich.

Sexuelle Selektion

Bei vielen Tieren wird die innerartliche Selektion um Revier und Geschlechtspartner in Form von Rangordnungskämpfen ausgetragen. Vielfach kommt es dabei bei Männchen zu speziell ausgebildeten sexuellen Auslösern wie Geweihen, Prachtkleidern und Imponierverhalten. Als Signale an die Artgenossen haben diese Merkmale meist eine doppelte Funktion: Zum einen sollen sie das Weibchen anlocken, zum anderen die männlichen Rivalen einschüchtern. Weibchen zeigen demgegenüber oft eine schlichte Schutzfärbung, was wiederum die Brutpflege erleichtert. Selektion, die auf der Variabilität der sekundären Geschlechtsmerkmale basiert, führt zu einem abweichenden Erscheinungsbild von Männchen und Weibchen. Man spricht von Sexualdimorphismus, der sich oft in einem deutlichen Größenunterschied der beiden Geschlechter, aber auch in anderen Merkmalen wie Unterschieden in der Färbung oder der Ausbildung auffälliger Signalstrukturen zeigt.

Die sexuelle Zuchtwahl ist eine Spezialform der natürlichen Selektion. Auch dabei trifft zu, dass derjenige Genotyp selektionsbegünstigt

BALANCIERTER POLYMORPHISMUS – DER KOMPROMISS BEI DER SELEKTION

Man nennt eine Population polymorph, wenn zwei oder mehr deutlich unterschiedliche Varietäten in großer Häufigkeit auftreten. So gibt es vom Birkenspanner eine helle und eine dunkle Form, die beide von Vögeln erbeutet werden. Für die Färbung der dunklen Birkenspanner ist ein dominant wirkendes Allel verantwortlich, das die Bildung des Farbstoffes Melanin auslöst. Auf einer mit Flechten bedeckten Birkenrinde ist die hellere Form des Schmetterlings kaum zu entdecken, wogegen die dunkel gefärbte Form sofort auffällt. Dunkel gefärbte Birkenspanner sind in Gegenden mit reichem Birkenbestand daher eher selten.

Beim Menschen ist das Vorhandensein oder Fehlen von Sommersprossen ebenso ein Beispiel für Polymorphismus wie die ABO-Blutgruppen.

Diese Beispiele sind insofern erstaunlich, da Körpermerkmale der Selektion in der jeweiligen Umwelt ausgesetzt sind. Eigentlich müsste sich doch im Laufe der Zeit die Variante mit der größeren Fitness durchsetzen.

Die natürliche Selektion kann die Variabilität innerhalb einer Population verringern. Andererseits kann die Selektion selbst die Variabilität erhalten. In diesem Fall spricht man von balanciertem Polymorphismus. Ein Beispiel dafür liefert die Sichelzellenanämie, eine erbliche Krankheit des Menschen, die südlich der Sahara besonders häufig auftritt. Die Betroffenen besitzen sichelzellenartig verformte rote Blutkörperchen, die hinsichtlich des Sauerstofftransports weniger leistungsfähig sind. Liegt das defekte Gen homozygot vor, sind also beide Allele betroffen, kommt es häufig zum Tod durch Sauerstoffmangel der inneren Organe. Bei heterozygoten Trägern des Sichelzellenallels sind die Erythrozyten nur bei starker körperlicher Anstrengung verformt. Untersuchungen ergaben, dass in manchen Gegenden Afrikas 20 Prozent der Bevölkerung dieses Allel tragen und dass Träger des Sichelzellen-Allels resistent sind gegen Plasmodien, die Erreger der tropischen Malaria. Als Ursache einer solchen Resistenz kommen Störungen in der Entwicklung der Parasiten in den veränderten Blutzellen in Frage. Die Begünstigung der heterozygoten Träger erklärt, warum das Sichelzellen-Allel in Malariagebieten trotz der starken Selektionsdrucks nicht verschwindet.

Variabilität bei Birkenspannern.

Prachtfinken sind eine artenreiche Gruppe aus der Familie der Sperlingsvögel. Bei vielen Arten lassen die Schnäbel Rückschlüsse auf Nahrungsspezialisierung zu. Ein Vertreter aus dieser Familie, der im Osten des afrikanischen Kontinents heimische Purpurastrild, liefert ein weiteres Beispiel für balancierten Polymorphismus. Innerhalb einer Population dieser Art findet man Finken mit deutlich verschiedenen, großen und kleinen Schnäbeln. Vögel mittlerer Schnabelgröße fehlen so gut wie immer. Die kleinschnäbeligen Vögel fressen weiche Samen, die mit großem Schnabel sind auf das Knacken harter Samen spezialisiert. Ein mittlerer Schnabel könnte keine der beiden Samenformen effizient knacken.
Die Verschiedenheit der Umwelt, in diesem Fall die Nahrung, selektiert Vögel mit unterschiedlichem Schnabel, erhält oder balanciert also das verschiedengestaltige polymorphe Merkmal. ■

ist, der den größeren Anteil an Genen in den Genpool der nächsten Generation einbringt. Es gilt aber auch, dass besonders auffällige sexuelle Auslöser die Überlebenschance gegenüber Feinden oder der Umwelt vermindern können. So hat sich beim eiszeitlichen Riesenhirsch das Geweih wahrscheinlich durch sexuelle Selektion zu einem Riesenwuchs mit einer Spannweite von bis zu vier Metern entwickelt. Als in der Nacheiszeit wieder dichte Wälder wuchsen, war ein solches Geweih von Nachteil, der Riesenhirsch starb aus. Ähnliches gilt für die bis zu vier Meter langen oberen Schneidezähne des eiszeitlichen Mammuts, die zum Stoßen schließlich ungeeignet waren, oder für die übertrieben langen oberen Eckzähne des tertiären Säbelzahntigers. Extrem ausgebildete sekundäre Geschlechtsmerkmale stellen gewissermaßen Kompromisse dar zwischen den Vorteilen der geschlechtlichen Zuchtwahl und den Nachteilen in der Anpassung gegenüber Umweltfaktoren. Sicher aber kommt den Weibchen bei der Entstehung des Sexualdimorphismus eine wichtige Rolle zu. Wählt ein Weibchen einen Partner aufgrund eines bestimmten Merkmals, sorgt es dadurch für das Fortbestehen genau jener Allele, die für die phänotypische Ausbildung des entsprechenden Merkmals verantwortlich sind und aufgrund derer das Weibchen seine Auswahl getroffen hat.

Führen Beziehungen zwischen verschiedenen Arten zu wechselseitiger Anpassung aneinander, spricht man von **Koevolution**. Beide Arten üben einen Selektionsdruck auf die jeweils andere Art aus. Bei Räuber-Beute-Beziehungen kann es dadurch zu einem evolutionären Wettrüsten kommen. Bei Parasiten gilt oft: Je besser sie an ihre Wirtsart angepasst sind, desto effektiver haben sich auch die Abwehrstrategien des Wirtes entwickelt. Profitieren beide Partner von der wechselseitigen Beziehung wie bei Blüten und ihren Bestäubern, spricht man von Mutualismus, bei engem Zusammenleben von Symbiose. Symbiosen wie die zwischen Pilzen und Algen bei Flechten erweitern die ökologischen Möglichkeiten beträchtlich, können Flechten doch Wüsten, Felsen oder arktische Räume besiedeln, was dem Pilz oder der Alge allein unmöglich wäre.

Isolation und Gendrift

Die Unterbindung der Paarung, wie sie für Angehörige verschiedener Arten typisch ist, aber auch zwischen den Individuen einer Art oder Population entstehen kann, bezeichnet man als Isolation. Ist ein ungehinderter Genaustausch oder Genfluss zwischen Lebewesen nicht mehr möglich, wirken Mutation und Selektion in jeder der isolierten Fortpflanzungsgemeinschaften unterschiedlich, die Rekombination zwischen ihnen ist unterbunden. Jede Teilpopulation schlägt mit ihrem isolierten Genpool einen eigenen evolutiven Weg ein.

Zwar kann die gerichtete Selektion in langen Zeiträumen den Genpool so verändern, dass sich Arten wandeln – damit aus einer Ausgangsart aber zwei oder mehrere Arten entstehen können, ist genetische Isolation die Voraussetzung.

Häufig ist der entscheidende Schritt bei der Abspaltung einer Teilpopulation, der den Genfluss zur Elternpopulation unterbindet, eine räumliche Trennung. Sie beruht auf geologischen Ereignissen wie Inselbildung oder Kontinentalverschiebung, auf klimatischer Grenzziehung beispielsweise durch eiszeitliche Vergletscherung oder auf Trennung durch unbesiedelbare Räume wie Wüsten, Tundren und Polargebiete. Auch Verdriftung, Verschleppung oder Auswanderung sind geografische Separationsereignisse. Selbst ein sehr großes Verbreitungsgebiet schränkt den Allelfluss derart ein, dass sich Randpopulationen eigenständig entwickeln.

So entwickelten sich beispielsweise die Darwinfinken auf Galapagos aus einer körnerfressenden, am Boden lebenden Finkenart. Diese Stammart besiedelte nach und nach den Archipel. Auf ihren Inseln waren die kleinen Gründerpopulationen voneinander separiert, der Genfluss zwischen ihnen war stark eingeschränkt oder unterbrochen. In jeder der Inselpopulationen ereigneten sich andere Mutationen und Rekombinationen, waren unterschiedliche abiotische und biotische Selektionsfaktoren wirksam. Vor allem in Anpassung an die unterschiedlichen Lebensräume und Nahrungsgrundlagen auf den verschiedenen Eilanden entstanden schließlich neue Formen. Darwin zu Ehren nennt man sie Darwinfinken. Heute sind 13 genetisch mehr oder weniger isolierte Arten bekannt, deren Schnabelformen unterschiedliche Ernährungsweisen erkennen lassen.

Im übrigen Körperbau kaum zu unterscheiden, ermöglicht der kräftigere Schnabel dem Großgrundfink (o.) den Zugang zu anderer Nahrung als der des Kleingrundfinks (u.).

Alle Faktoren, die zwei Arten davon abhalten, gemeinsame Nachkommen hervorzubringen, tragen zur genetischen und reproduktiven Isolation bei, sind also Isolationsmechanismen. Räumliche Trennung wirkt zwar wie ein geografischer Iso-

INSELBIOLOGIE

Inseln sind von besonderem Interesse, um Evolutionsvorgänge zu erkennen. Schon die Besiedlung einer solchen Miniaturwelt ist ein aufregender Forschungsgegenstand. Ein weiteres Problem stellt die Etablierung einer Art auf der Insel dar. Schließlich reicht es nicht, wenn ein Individuum eine Insel erreicht, zur dauerhaften Besiedlung muss eine Population aufgebaut werden. Diese kann sich aber nur erhalten, wenn ausreichend Futter, Geschlechtspartner und Versteckmöglichkeiten vorhanden sind.

Seevögel wie Sturmtaucher, Tropikvögel und Fregattvögel gehören wohl immer zu den ersten Besuchern. In ihrem Gefieder hängen Milben, Läuse, Eier von Insekten, Schnecken und Würmern; im Verdauungstrakt schleppen sie Samen von Blütenpflanzen und Sporen von Pilzen und Farnen ein.

Wie schnell sich Leben auf einer neu entstandenen Insel einfindet und ausbreitet, zeigte sich anschaulich auf Krakatau, einer kleinen, unbewohnten Insel zwischen Java und Sumatra. Vermutlich überlebte kein Lebewesen den katastrophalen Vulkanausbruch von 1883. Durch die Eruption wurden die Inselreste von einer bis zu 100 Meter dicken Schicht aus Bimsstein und Vulkanasche bedeckt. Neun Monate später entdeckte eine französische Expedition nichts außer einer Spinne auf Rakata. Die Spinne von Rakata belegt, dass diese Tiere auch ohne Flügel fliegen können. Sie benutzen einen Seidenfaden aus ihrer Spinndrüse und lassen sich vom Wind davontragen. Aber drei Jahre später ergab sich für eine botanische Expedition eine ganz andere Situation: Die gesamte Insel war mit Blaualgen, Cyanobakterien, bedeckt, zwischen denen Moos- und Farnsporen sowie Samen von Blütenpflanzen gekeimt und herangewachsen waren. 50 Jahre nach der Katastrophe zählte man rund 50 Arten von Wirbeltieren, die wie Vögel und Fledermäuse fliegend ihre

Vor allem neu entstehende Vulkaninseln wie beispielsweise Anak Krakatau sind geradezu Laboratorien für Evolutionsvorgänge.

neue Heimat entdeckten oder wie zwei Rattenarten auf Treibgut die Insel erreichten.

Immer spielt der Zufall eine wesentliche Rolle. Schließlich wird nur ein kleiner Teil vom Erbmaterial einer Art in den neuen, isolierten Lebensraum verschlagen. Dort herrschen meist auch andere Umweltbedingungen. Als auslesende Faktoren können diese dann eine eigenständige Entwicklung bewirken. Das erklärt auch, warum viele auf Inseln endemische Vogelarten flugunfähig sind. Hier fehlen meist räuberische Säugetiere oder Reptilien, sodass Vögel die ökologischen Nischen füllen konnten, die andernorts beispielsweise Kaninchen oder Schafe besetzen.

Eine sichtbare Wirkung der Gendrift zeigt sich am Beispiel der auffällig blau gefärbten Eidechsen auf Faraglioni, einer kleinen Insel vor Capri. Die Tiere dort weisen nicht wie verwandte Eidechsenarten der umliegenden Inseln eine der Umgebung angeglichene unauffällige Färbung auf. Durch Selektion lässt sich die Entstehung der gefärbten Unterart schwer erklären. Weder sind die Reptilien ungenießbar für Fressfeinde, noch hat die Färbung eine besondere Bedeutung in ihrem Verhalten, etwa bei der Balz. Nimmt man aber an, dass die Besiedlung der schroffen Felsklippen durch wenige Einzeltiere erfolgte, kann man die Färbung auf Gendrift zurückführen. Die blaue Farbvariante konnte sich in der neu entstehenden Population zufällig durchsetzen.

Ein besonders eindrucksvolles Beispiel der Zufallswirkung zeigt sich auf Pingelap, einem winzigen Atoll mitten im Pazifik zwischen Hawaii und den Philippinen. 1775 tötete ein Taifun die meisten der rund 1000 Einwohner des Atolls. Nur 20 Inselbewohner überlebten und bildeten die Basis der heutigen Bevölkerung von annähernd 700 Menschen, die in hohem Maße miteinander blutsverwandt sind. Zehn Prozent der Inselbevölkerung sind von einer totalen Farbenblindheit betroffen, der Achromatopsie, die weit schlimmer ist als die häufiger auftretende Rot-Grün-Schwäche. Die Betroffenen leiden an starker Sehschwäche, Augenzittern und extremer Lichtempfindlichkeit. In der übrigen Welt ist höchstens eines unter 30 000 Neugeborenen von Achromatopsie betroffen. Ursache dieser Erbkrankheit ist eine Mutation auf Chromosom 2. Das gesunde Gen codiert für ein Kanalprotein in den Sehzellen. ■

Verschiedene Arten nutzen die Umwelt in der Regel unterschiedlich. Dadurch wird die Konkurrenz zwischen den Arten vermindert. Die Summe aller Wechselwirkungen zwischen einer Art und der Umwelt wird als ökologische Nische bezeichnet. Bilden die Tochterarten einer Stammart unterschiedliche ökologische Nischen, weil sich ihre Lebensansprüche unterscheiden, spricht man von ökologischer Isolation oder von **Einnischung**. Unterschiedliche Einnischung von Teilpopulationen im gleichen Lebensraum führt aber nur dann zur Entstehung neuer Arten, wenn die Fortpflanzungsfähigkeit zwischen ihnen durch zusätzliche Merkmalsänderungen eingeschränkt oder ganz unterbunden wird.

lationsmechanismus, ist aber nicht gleichbedeutend mit reproduktiver Isolation. Während sich die Individuen von Populationen, die kurzzeitig räumlich voneinander getrennt waren, nach Aufhebung der Trennung unter Umständen wieder paaren können, verhindert die reproduktive Isolation, dass Populationen verschiedener Arten sich untereinander kreuzen, selbst wenn ihr Verbreitungsgebiet sich überschneidet.

Fortpflanzungsbarrieren

Präzygotische Fortpflanzungsbarrieren verhindern die Paarung zweier Arten oder die Befruchtung, falls Vertreter verschiedener Arten versuchen sollten, sich zu paaren. Zahlreiche Arten sind einfach dadurch an der Kreuzung gehindert, dass sie sich zu verschiedenen Tages- oder Jahreszeiten fortpflanzen. So laichen unsere einheimischen Frösche und Lurche beispielsweise in Abhängigkeit von der Wassertemperatur zu verschiedenen Zeiten im Jahr. Gras- und Wasserfrosch sind zwar im Experiment miteinander kreuzbar, da die eine Art aber im März, die andere im Mai laicht, findet man in der Natur so gut wie keine Bastarde. Unterschiedliches Balz- und Paarungsverhalten ist eine sehr wirksame Fortpflanzungsbarriere der Tiere. Auch bei nahe verwandten Arten unterscheidet es sich oft. Die Geschlechtspartner finden und akzeptieren sich häufig anhand angeborener arttypischer Signale. So senden Weibchen verschiedener Leuchtkäferarten Leuchtsignale mit bestimmten Mustern. Die Männchen reagieren nur auf die für ihre Art kennzeichnenden Signale mit Annäherung.

Bei vielen Gliederfüßern wie Tausendfüßer, Spinnen und Insekten sind die von einem Chitinpanzer umgebenen Fortpflanzungsorgane so kompliziert gebaut, dass sie wie Schlüssel und Schloss zueinander passen. Damit ist eine Begattung durch artfremde Partner ausgeschlossen.

Postzygotische Fortpflanzungsbarrieren werden dann wirksam, wenn trotz präzygotischer Barrieren eine Eizelle von einem artfremden Spermium befruchtet wurde. Dazu zählen die verringerte Lebensfähigkeit und die Sterilität von Artbastarden.

Polyploidie führt zu einer Verdopplung des Chromosomensatzes. Bei Pflanzen ist eine solche Genommutation relativ häufig. So gibt es bei den verschiedenen Arten der Rosen Chromosomensätze mit 14, 28, 42 oder 56. Die Kreuzung von Pflanzen mit unterschiedlicher Anzahl von Chromosomensätzen ist meist nicht erfolgreich. Esel und Pferd lassen sich zwar kreuzen, ihre Nachkommen sind aber unfruchtbar. Da das Pferd 64 Chromosomen besitzt, der Esel dagegen nur 62, können ihre Bastarde Maultier und Maulesel keine befruchtungsfähigen Keimzellen bilden.

Zufällige Ereignisse wie Blitzschlag, Überschwemmung, lang anhaltende Trockenheit oder Erdbeben können die Allelfrequenz, also den Genpool einer Population, entscheidend verändern oder wie beispielsweise bei Meteoriteneinschlagen auf ein Minimum reduzieren. Eine solch zufällige, nicht durch Selektion und Mutation bewirkte Veränderung des Genpools bezeichnet man als Gendrift. Je kleiner eine Population ist, umso stärker ist die Wirkung der Gendrift und umso geringer ist die Fitness der Population. Das kann für das Überleben oder Aussterben bedrohter Tierarten mit kleinen Beständen wie Gepard, Panda oder Wisent entscheidend sein.

Besiedeln nur wenige Individuen einer großen Population als Gründerindividuen ein neues Gebiet, bringen sie nur einen geringen Teil der Allele des Genpools der Stammpopulation mit. Man spricht von **Gründereffekt**. Die vorübergehend geringe Populationsgröße, Flaschenhalseffekt genannt, erklärt die geringe genetische Variabilität, auch nachdem sich die Gründerindividuen stark vermehrt haben. Es kommt zur Gendrift. Inzucht in den ersten Generationen und die damit verbundene Tendenz zur Reinerbigkeit verstärken den Effekt.

Arten und ihre Entstehung

Alle Lebewesen einer Art stimmen in wesentlichen Merkmalen überein. Sie können miteinander fruchtbare Nachkommen zeugen, die wiederum ihren Eltern gleichen. Die Mitglieder einer Art stellen demnach eine Fortpflanzungsgemeinschaft dar. Im Laufe der Zeit verändern sich Populationen durch gerichtete Selektion – es kommt zu einer Artumwandlung. Wenn Isolationsmechanismen Populationen genetisch trennen, kommt es zur Aufspaltung einer Art und damit zur Bildung neuer Arten.

Ein schwerwiegendes Problem für die Erforschung der Artbildung liegt darin, dass sich Artbildung in der Regel nicht beobachten lässt, weil sie zu lange dauert und sich oft in großen geografischen

Räumen abspielt. Mit Datierungsmethoden wie beispielsweise der molekularen Uhr lässt sich das ungefähre Alter einer heutigen Art ermitteln.

Formen der Artbildung

Bei der geografischen oder allopatrischen Artbildung liegt der entscheidende Schritt in der geografischen Isolation der Populationen. Diese häufigste Form der Artbildung erfolgt in der Regel in zwei Schritten: Am Anfang steht die Trennung von Teilpopulationen und damit die Unterbrechung des Genflusses. Führt die unabhängige Entwicklung von Teilpopulationen einer Art dazu, dass sich ein Großteil der Individuen der einen Teilpopulation in bestimmten Merkmalen und in ihrem Genpool von den Mitgliedern der anderen Teilpopulation unterscheidet, spricht man von Rassen oder Unterarten. Vertreter verschiedener Rassen können miteinander Nachkommen zeugen. Schließlich erfolgt eine genetische Isolation. Sie verhindert, dass sich Angehörige der getrennten Populationen wieder erfolgreich kreuzen lassen, selbst wenn das trennende Hindernis nicht mehr vorhanden ist.

Die Artbildung ohne räumliche Trennung, die sympatrische Artbildung, ist eher die Ausnahme. Bei dieser Form der Artbildung wird eine Teilpopulation inmitten des Verbreitungsgebiets der Ausgangspopulation reproduktiv isoliert. So kommt es bei Pflanzen häufig zu spontaner Artbildung durch Polyploidie. Bei der Nachtkerzenart Oenothera beispielsweise kam es dadurch zur Artaufspaltung, dass sich die diploide Form der Nachtkerze nicht mehr mit der tetraploiden Form kreuzen lässt.

Durch geografische Isolation konnte das Zwergflusspferd (li.) eine andere Ernährungsweise entwickeln als sein größerer Vetter, das in Afrika weitverbreitete Großflusspferd (re.), das sich auch in mehreren anatomischen Merkmalen deutlich unterscheidet.

Untersuchungen an Buntbarschen in Nicaragua wiesen darauf hin, dass es auch bei Tieren durch farbgeleitete Partnerwahl zu einer Aufsplittung einer ursprünglich gemeinsamen Art in unterschiedlich gefärbte Arten innerhalb des gleichen Verbreitungsgebiets kommen könnte.

Adaptive Radiation

Kommt es innerhalb eines evolutiv kurzen Zeitraumes zur Aufspaltung einer Stammart in zahlreiche neue Arten mit unterschiedlichen Anpassungen, spricht man von adaptiver Radiation. Die Entstehung einer derartigen Formenvielfalt ist dann möglich, wenn die Stammart in eine neue Umwelt gelangt, die viele ökologische Lizenzen bietet und in der kaum Konkurrenz vorhanden ist.

Die Entwicklung der Darwinfinken auf Galapagos ist ebenso ein Beispiel für die adaptive Radiation aus einer Gründerpopulation wie die Radiation der Kleidervögel auf Hawaii oder die Entstehung von 34 verschiedenen Arten des Dickblattgewächses Aeonium auf den Kanarischen Inseln. Bei der adaptiven Radiation der Beuteltiere lässt sich zeigen, wie es zu einer immer vollkommeneren Anpassung der Arten kam, nachdem bestimmte Lebensformtypen erste ökologische Großnischen gebildet hatten. Die Beuteltiere stellen innerhalb der Säugetiere nach den Eier legenden Kloakentieren die nächsthöhere Organisationsstufe dar. Im Gegensatz zu den höheren Säugetieren, den Placentalia, bei denen der Mutterkuchen oder die Plazenta eine weitgehende Entwicklung der Jungen im Mutterleib ermöglicht, bringen die Beuteltiere nur sehr wenig entwickelte Junge zur Welt. Für die heutige Entwicklung der Beuteltiere sind die ökologischen Verhältnisse Australiens, die geografische Separation des Kontinents und seine erdgeschichtliche Vergangenheit von Bedeutung: Australien ist durch eine Vielfalt von Lebensräumen gekennzeichnet. Der Kontinent ist von Ozeanen umgeben, die für viele Pflanzen- und Tierarten eine unüberwindliche Schranke darstellen. Nur im Norden gibt es eine Reihe von Inseln, die manche Pflanzen und Tiere zur Besiedlung des Kontinents nutzen konnten. Australien ist ein Teil des Urkontinents Gondwana, der früher alle Südkontinente umfasste. Bereits vor 50 Millionen Jahren, noch vor der Entwicklung moderner Säugetiere, driftete Australien von den übrigen Südkontinenten weg. In Abwesenheit der höheren Placentalia haben die Beuteltiere die verschiedensten Lebensformtypen mit unterschiedlicher Lebensweise entwickelt. Sie bilden so gut wie alle ökologischen Nischen, die auf den übrigen Kontinenten die Plazenta-Säuger bilden. Lediglich die Nische der großen Grasfresser fehlt in Australien. Dabei kam es trotz unabhängiger Evolution von Beuteltieren und Plazenta-Säugern zur Ausbildung ähnlicher Merkmale bei Vertretern der beiden Gruppen. Man spricht von konvergenter Evolution. Die zahlreichen Anpassungsähnlichkeiten beruhen auf gleichartigem Selektionsdruck, der Nutzung ähnlicher ökologischer Lizenzen und der Bildung ähnlicher ökologischer Nischen.

Die Synthetische Theorie der Evolution

Julian Huxley veröffentlichte 1942 das Werk »Evolution, the Modern Synthesis«, in dem er eine Verbindung von Genetik und Selektionstheorie formulierte. An der Synthese waren verschiedene Forscher aus anderen Teildisziplinen der Biologie beteiligt wie Theodosius Dobzhansky für die Genetik, George L. Stebbins für die Populationsbiologie, Ernst Mayr für die Systematik, Bernhard Rensch für die Verhaltensforschung oder George G. Simpson für die Paläontologie. Die Synthetische Theorie der Evolution vereint Darwins Evolutionstheorie mit neuen Erkenntnissen aus den verschiedensten naturwissenschaftlichen Teilgebieten. Die Synthetische Theorie sieht vor allem die Population und deren genetische Struktur im Zentrum des Evolutionsgeschehens und erklärt Evolution als Wandel von Genfrequenzen. Jeder Faktor, der die Genfrequenz im Genpool einer Population ändert, wird dabei als Evolutionsfaktor verstanden.

Die Synthetische Theorie beschreibt Evolution als realhistorischen Prozess, der stattgefunden hat und weiter andauert. Als umfassendste Theorie der Biologie liefert sie Erklärungen in sämtlichen Teilgebieten der Lebenswissenschaften, wodurch diese wiederum zur Bestätigung der Evolutionstheorie beitragen.

Viele bezeichnen **Ernst Mayr** wegen seiner Beiträge zur Evolutionsbiologie, zur Systematik sowie zu Geschichte und Philosophie der Biologie als Darwin des 20. Jahrhunderts. Sein wissenschaftliches Werk mit über 850 Publikationen, in dem er das Konzept der biologischen Art und der Artbildung begründete, zählt heute zu den Grundlagen moderner Systematik und Evolutionsbiologie. Auch wegen seiner Fähigkeit, aus einer unübersehbaren Fülle von Einzelbeispielen die prägnantesten zu wählen und zu einer Synthese zu führen, gilt er als einer der bedeutendsten und einflussreichsten Evolutionsbiologen des 20. Jahrhunderts. In seinem Buch »Das ist Biologie« begründet er die Ablehnung des Reduktionismus, der das Leben vollständig als chemisch-physikalischen Prozess erklären, also reduzieren will.

Die Evolution von Molekülen und Genomen

Letztlich muss Evolution auf Vorgänge an der DNA und bei der Realisierung genetischer Information durch Proteinsynthese zurückzuführen sein. Evolution aber ist ein Zusammenspiel von Mutation und Selektion. Mutationen jedoch wirken auf der Ebene von Genen, Selektion auf der Ebene des äußeren Erscheinungsbildes. Wie aber führt ein verändertes Gen zu einem neuen Phänotyp? Viele Mutationen führen überhaupt nicht zu einer Veränderung der betreffenden Aminosäure und wirken sich so nicht auf die Proteinfunktion aus. Selbst nichtneutrale Mutationen führen nicht in jedem Fall zu einer Funktionsänderung des Proteins. Mutationen in untergeordneten Genen haben oft wenig Einfluss auf den Phänotyp. Vor allem durch Genduplikationen können Proteine aber eine neue Funktion erhalten. Ganz entscheidend sind jene Gene, die auf einer höheren Ebene der Hierarchie auf Entwicklungsprogramme der Lebewesen einwirken. Damit ergibt sich beispielsweise eine Erklärung dafür, warum Insekten gegenüber anderen Gliederfüßern mit mehr Beinpaaren nur sechs Beine besitzen. Eine Genmutation führte zur Unterdrückung eines Gens, das entscheidend für die Ausbildung von Extremitäten ist. Zwar ist im Grundbauplan der Gliederfüßer ein Beinpaar pro Körpersegment angelegt, die Unterdrückung des Gens an den hinteren Körpersegmenten sorgt aber bei Insekten dafür, dass diese nur sechs Beine haben und nicht acht wie Spinnen, zehn wie Krebse oder gar Dutzende, wie die Hundertfüßer sie besitzen.

Gene bestehen nicht aus einem zusammenhängenden DNA-Abschnitt, sondern aus einzelnen Teilstücken der DNA, deren Sequenzen direkt genutzt und dann in ein Produkt wie beispielsweise ein Protein umgesetzt werden. Zu einem Gen gehören außerdem sogenannte Promoter, die seine Aktivität steuern und Enhancer, welche die Genaktivität verstärken. Durch die mosaikartige Struktur des genetischen Materials besteht die Möglichkeit, die Stücke, deren Information in einem Protein umgesetzt wird, immer wieder neu zu kombinieren und somit neue Produkte zu bilden. Von den sogenannten Masterproteinen hängt die Herstellung anderer Genprodukte entscheidend ab. Beim Heranwachsen einer Pflanze beispielsweise lassen sich in verschiedenen Zellen unterschiedliche Aktivitätsmuster der Masterproteine nachweisen. Diese Muster entscheiden, an welcher Stelle der aus einem zunächst noch unförmigen Zellverband heranwachsenden Pflanze, die als Phänotyp der Selektion ausgesetzt ist, später ein Blütenblatt, eine Wurzel oder ein anderes Organ wächst.

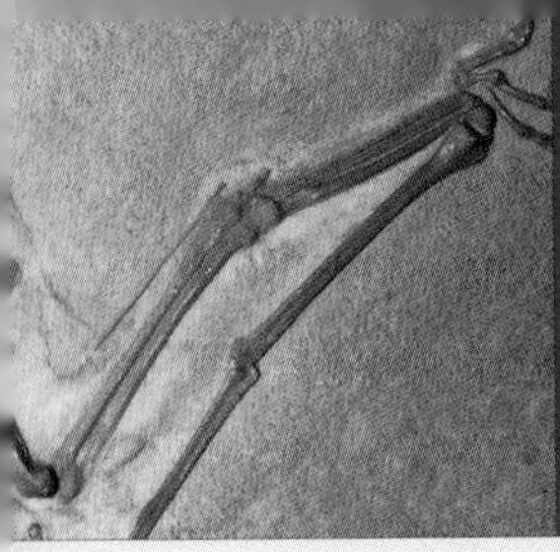

EVO-DEVO-FORSCHUNG

Evo-Devo ist die Abkürzung für Evolutionary Developmental Biology oder Evolutionäre Entwicklungsbiologie, eine Synthese aus Evolutionsforschung und Erkenntnissen der Entwicklungsbiologie. Zwischen den Genotyp einer befruchteten Eizelle und den selbständig lebenden Phänotyp ist die Ontogenese, die Keimesentwicklung, geschaltet. Das Programm der Ontogenese ist genetisch festgelegt, bei der Ausdifferenzierung aber wirkt die Umwelt mit. Neue Ergebnisse zeigen, dass die Evolution der Genregulation die Grundlage der Evolution von Organen und Körpergestalt ist. Zunächst gingen die Biologen davon aus, dass sich die Lebewesen aufgrund der Art und Anzahl ihrer Gene unterscheiden. Eine neue Erkenntnis der Evo-Devo-Forschung ist, dass im Wesentlichen die gleichen Gene bei verschiedenen Lebewesen die Vorgänge der Entwicklung steuern. So ist zum Beispiel bei Mäusen, Fliegen und Menschen das fast identische Pax-6-Gen für die Ausbildung der Augen zuständig. Ein zweites Ergebnis zeigt, dass ein so komplexes Lebewesen wie der Mensch kaum mehr Gene besitzt als ein deutlich einfacher gebauter Organismus wie eine Fliege oder ein Fadenwurm. Wenn aber die gleichen oder zumindest ähnliche Gene die Embryonalentwicklung verschiedener Tiere steuern, warum sehen die Lebewesen dann so verschieden aus? Es scheint, dass für die Vielfalt der Arten weniger die Gene selbst als vielmehr die Sequenzen verantwortlich sind, die entscheiden, wann und wo in der Individualentwicklung bestimmte Gene aktiv sind. Mutationen in diesen genetischen »Schaltern« ändern die Aktivitätsmuster der Gene und führen so dazu, dass sich der Embryo verändert. Durch Mutationen über viele Generationen und das Wirken der natürlichen Selektion könnten aus den relativ einfachen Flossen der Fische die Beine der Landwirbeltiere, die Flügel der Flugsaurier, Vögel und Fledermäuse und schließlich auch die geschickte Hand des Menschen entstanden sein. Das Umschalten von Aktivitätsmustern wäre dann eine treibende Kraft, die die Evolution der Vielfalt trotz ihrer Komplexität erklärt. ■

Unterschiedliche Aktivitätsmuster der Homöoboxgene bei verschiedenen Reptilien brachten auch die langen Fingerknochen der Flugsaurier hervor.

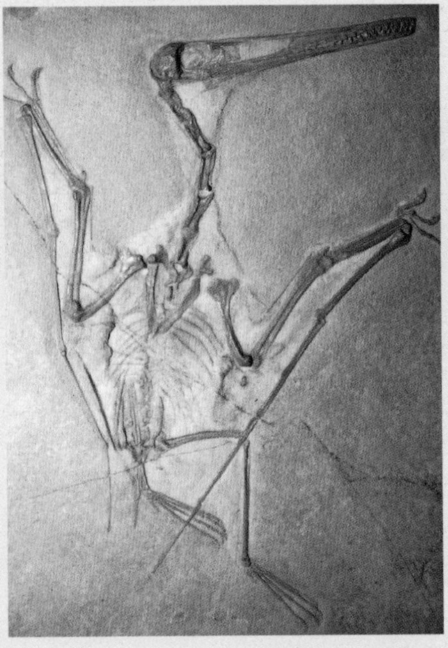

Weiterentwicklung und offene Fragen

Wie jede Theorie ist auch die Synthetische Theorie der Evolution kein abgeschlossenes Konzept, sondern wird ständig an neuen Fakten auf Stichhaltigkeit überprüft und weiterentwickelt.

Eine noch offene Frage ist, ob Artbildung kontinuierlich in kleinen Schritten abläuft oder ob der Wandel punktuell und schubweise in bestimmten Epochen erfolgt. Nach dem Gradualismus lässt sich Artbildung durch gleichmäßige graduelle Veränderung von Populationen erklären, und auch große evolutive Wandlungen erfolgen durch Anhäufung vieler kleiner Veränderungen in langen Zeiträumen. Demgegenüber geht der Punktualismus davon aus, dass lange Perioden evolutiven Stillstands punktuell von Zeiten des Artenwandels unterbrochen werden. Er stützt sich vor allem auf die Sprunghaftigkeit fossiler Funde, die der Gradualismus auf fehlendes fossiles Material zurückführt.

Dass zufällige Prozesse wie Mutation und Gendrift, aber auch die deterministischen Vorgänge der Selektion in der Evolution wirken, ist unumstritten. Welches Gewicht ihnen aber im Einzelnen zukommt, muss meist offen bleiben. Nach der Systemtheorie der Evolution stehen die Strukturen und die Funktionen eines Lebewesens miteinander in Wechselwirkung, sodass Selektionskräfte auf Lebewesen nicht nur von außen, sondern auch von innen wirken. Genmutationen wären danach fast zwangsläufig selektionswirksam. Nach der Neutralisationstheorie können sich dagegen molekulare Veränderungen selektionsneutral ansammeln und unterliegen dann vor allem der Gendrift.

Gibt es Makroevolution? Wie evolutive Prozesse unterhalb des Artniveaus, also die infraspezifische Evolution oder Mikroevolution, durch

Ursprung aller kreationistischen Vorstellungen ist das buchstäbliche Verständnis des biblischen Schöpfungsberichtes. Der **Kreationismus** beharrt auf dem Wortlaut des Bibeltextes und lehnt eine gemeinsame Abstammung aller Lebewesen ab. Dabei gehen die Junge Erde Kreationisten von einem maximalen Alter der Erde von 10 000 Jahren aus und sehen die Sintflut als Tatsache an. Die Alte Erde Kreationisten lehnen die Zeitangaben der Bibel ab, beharren aber ebenso auf einer getrennten und gleichzeitigen Erschaffung aller Arten. Demnach lebten Dinosaurier und Mensch zur selben Zeit.

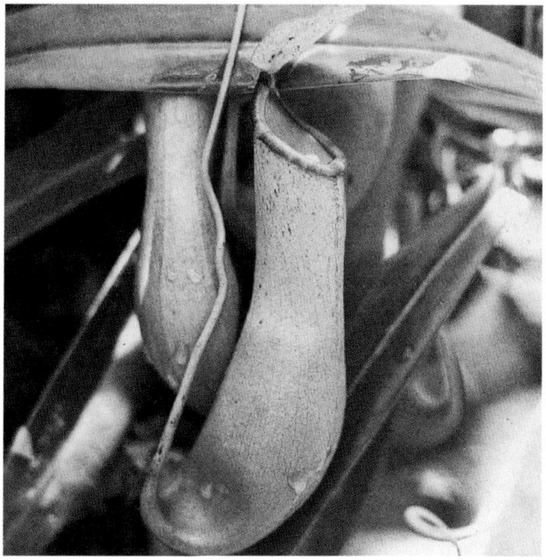

Trotz des aufgrund seiner Funktion als Insektenfalle abgewandelten Baus entspricht das Blatt der indonesischen Kannenpflanze dem Grundbautyp des Laubblattes der Gefäßpflanzen.

Intelligent Design (ID) ist eine neue Form des Kreationismus. Lebewesen und ihre Teile seien zu komplex, um ihre Existenz allein durch bekannte evolutive Mechanismen zu begründen. Ein Auge beispielsweise könne nicht durch kleine Evolutionsschritte entstanden sein, da etwaige Zwischenformen nicht funktionieren und somit auch nicht selektiert werden können. Grundlegende Innovationen im Körperbau erfordern einen erneuten Schöpfungsakt bzw. ein vorgeplantes Design. Die Anhänger des ID postulieren daher einen Intelligent Designer, der nichts anderes ist als Gott. Sie akzeptieren zwar mikroevolutionäre Prozesse, beispielsweise die Entwicklung der Antibiotikaresistenz bei Bakterien, lehnen Makroevolution aber ab. Dies bedeutet für sie die getrennte Erschaffung von Grund- oder Archetypen, die durch kleinere Evolutionsprozesse abgeändert werden können.

das Zusammenwirken verschiedener Evolutionsfaktoren ablaufen, gilt in den Grundzügen als verstanden. Ob die über Artunterschiede hinausgehende transspezifische Evolution oder Makroevolution eine ununterbrochene Fortsetzung der Mikroevolution darstellt oder völlig anders abläuft, wird kontrovers diskutiert. Die meisten Biologen gehen heute davon aus, dass auch die systematischen Großgruppen dadurch entstanden sind, dass sich kleine, durch die bekannten Evolutionsfaktoren bewirkte Veränderungen addierten. Durch diese additive Typogenese entstanden Schritt für Schritt neue Organe und Funktionen, die für die verschiedenen Großgruppen kennzeichnend sind. Die Formenvielfalt der Organismen lässt sich zu einer überschaubaren Anzahl von Typen mit bestimmten Merkmalen generalisieren. Reduziert man alle speziellen Anpassungen von verwandten Gruppen auf den Grundbestand ihrer Homologien, erhält man ihren Bauplan. Ein Bauplan ist aber immer eine Abstraktion, da kein Lebewesen ohne spezielle Anpassungen überleben kann. Baupläne spiegeln in etwa die Verwandtschaftsverhältnisse von Organismen wider. Je nachdem, wie man einzelne Merkmale und Ähnlichkeiten bewertet, erhält man verschiedene Gruppierungen. Für die Aufspaltung in die großen Verwandtschaftsgruppen wie Stämme oder Klassen sind dieselben Prozesse verantwortlich wie für die Artbildung. Viele kleine Mikroevolutionsschritte addieren sich im Verlauf langer Zeiträume zu großen Abwandlungen und bringen so neue Organisationsstufen des Lebens hervor. Für die Entwicklung neuer Baupläne sind also keine bisher unbekannten Mechanismen nötig.

Die Probe aufs Exempel

Mit der Evolution der Augen kam das Erlebnis von Formen, Farben, Helligkeit und Dunkel der Nacht. Erst wenn die Lichtstrahlen im Auge in elektrische Nervenimpulse umgesetzt werden und diese zum Sehzentrum im Gehirn gelangen, wird die Strahlung der Sonne zu Licht. Bestrahlung wandelt sich zu Beleuchtung, sehende Augen machen das Licht.

Die individuelle Augenentwicklung wird bei fast allen Tieren genetisch gleich gesteuert. Ein Kontrollgen setzt bei Fruchtfliegen, Mäusen und Menschen eine ganze Kaskade zur Augenentwicklung in Gang. Ist dieses Gen defekt, werden keine Augen ausgebildet. Umgekehrt bilden sich zusätzliche Augen, fügt man dieses Gen an bestimmten Stellen in das Genom eines Lebewesens ein. Dass das gleiche Gen bei ganz unterschiedlichen Tiergruppen die Augenentwicklung steuert, ist ein Beleg dafür, dass der Ursprung aller heutigen Lichtsinnesorgane ganz früh anzusetzen ist. Die Vielfalt an völlig verschieden gebauten Augen spricht gegen ein Urauge, aus dem alle Augen hervorgegangen sind. Die Fähigkeit zu sehen ist so vorteilhaft, dass sie im Laufe der Evolution immer wieder unabhängig voneinander entstanden ist.

Von einem einfachen lichtempfindlichen Fleck beim Augentier Euglena und anderen Einzellern bis zu verschieden gebauten leistungsfähigen Linsenaugen gibt es in der Tierwelt nahezu alle Übergangsformen. Die einfachsten Sehorgane bei Vielzellern verdienen die Bezeichnung Auge kaum. Bei manchen Würmern und Muscheln sind Lichtsinneszellen über die Körperoberfläche verstreut und ermöglichen eine Unterscheidung von hell und dunkel. Das ist besser als Blindheit, kann das Tier damit doch immerhin den Schatten eines Räubers wahrnehmen und sich im Sand vergraben. Bei Quallen und Seesternen kommt es zu einer An-

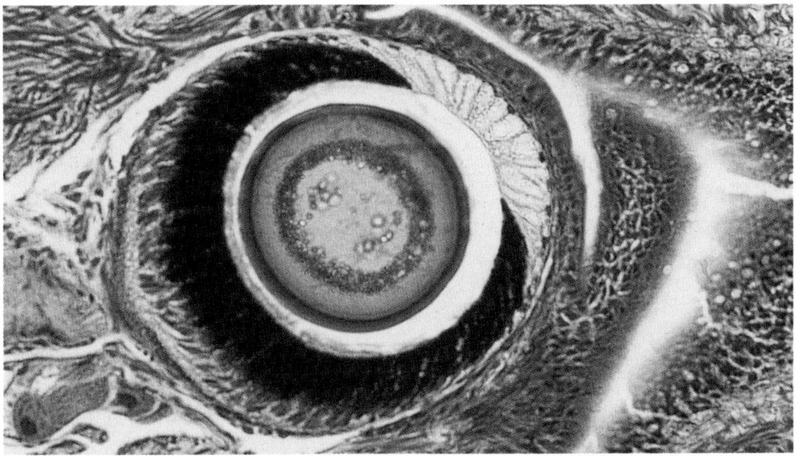

Die Fähigkeit zu sehen ist so vorteilhaft, dass sie im Laufe der Evolution mehrfach entstanden ist. Obwohl das mikroskopische Bild des Linsenauges der Weinbergschnecke dem eines Wirbeltierauges ähnelt, sind Feinbau und Entwicklung völlig verschieden.

sammlung lichtempfindlicher Zellen an wenigen Stellen des Körpers. Napfschnecken und manche Quallen besitzen Grubenaugen, bei denen das lichtempfindliche Gewebe eingesenkt ist. Lichtstrahlen, die aus einer Richtung kommen, können nicht mehr alle Sinneszellen erreichen. Dadurch ist Richtungssehen möglich. Je weiter die Öffnung der Grube, umso lichtstärker ist das Auge, je enger, desto genauer ist das Richtungssehen. Beim Perlboot Nautilus hat die Sehgrube Blasenform angenommen, die Sehöffnung ist auf ein kleines Loch verengt. Das Auge ist zwar lichtschwach, aber neben dem Bewegungssehen ist wie bei einer Lochkamera ein einfaches Bildsehen möglich.

Linsen- und Facettenaugen

Mit Erfindung der Linse wird das Abbild der Umwelt scharf und hell zugleich. Beim Linsenauge sammelt eine Linse das einfallende Licht. Linsenaugen gibt es bei Wirbeltieren und Weichtieren. Das Linsenauge hochentwickelter Tintenfische sieht dem der Wirbeltiere äußerlich zwar ähnlich, im Feinbau und in der Entwicklung bestehen aber wesentliche Unterschiede. Beim Tintenfisch trifft das ins Auge fallende Licht direkt auf den lichtempfindlichen Teil der Sinneszelle, beim Wirbeltierauge muss es erst verschiedene Zellschichten durchdringen. Die beiden komplizierten Linsenaugen sind unabhängig voneinander in zwei verschiedenen, nicht miteinander verwandten Tiergruppen in kleinen Schritten entstanden.

Das Komplex- oder Facettenauge der Insekten zeigt einen ganz anderen Bau. Letztlich ist es dem Linsenauge unterlegen. Um mit einem aus zahllosen Einzelaugen zusammengesetzten Facettenauge die Auflösung unseres Linsenauges zu erreichen, müssten die Augäpfel des Menschen die Größe eines Kürbisses aufweisen.

Bei blinden Höhlenfischen liegt kein Fall von Lamarckismus vor. Vom Höhlenfisch Astyanax mexicanus beispielsweise gibt es eine Flussform mit funktionsfähigen Augen und eine isolierte blinde Höhlenform. Im Dauerdunkel der Höhle sind die Augen funktionslos und können sich schrittweise rückentwickeln, ohne dass dies die Lebensfähigkeit der Fische einschränkt. Am Aufbau eines funktionstüchtigen Auges sind zahlreiche Gene beteiligt, die harmonisch zusammenwirken müssen. Jede Mutation kann dieses Zusammenwirken beeinflussen. Im Licht sorgt die Selektion für eine Stabilisierung des Sehsystems und lässt Individuen mit weniger funktionstüchtigen Augen aussterben. In der Höhle fehlt der Selektionsdruck, sodass auch Mutanten mit rudimentären Augen zur Fortpflanzung gelangen. Da solche Tiere keine Energie für den Aufbau von Augen verwenden müssen, kann ihre Blindheit möglicherweise sogar ein evolutionärer Vorteil sein.

Die vereinigende Theorie der Biowissenschaften

Als vereinigende Theorie der Biowissenschaften ist es das Ziel der Evolutionsforschung, die Entwicklungsgeschichte des Lebens aufzudecken und zu erklären, wodurch Vielfalt und Merkmale der Lebewesen entstanden sind. Schon Darwins Theorie beeinflusste das westliche Denken dahingehend, dass in der Natur Veränderung eher die Regel ist als Stillstand und dass sich die Phänomene des Lebens durch rein materielle Ursachen anstelle von göttlicher Schöpfung erklären lassen. Nirgends in der belebten Welt mit Ausnahme des menschlichen Handelns finden sich Beweise für Zwecke oder Ziele der Evolution. Wie alle Wissenschaften dient auch die Evolutionsbiologie nicht dazu, ethische Grundsätze und Moral zu rechtfertigen. Sie will theologische Fragen, beispielsweise nach der Existenz eines Gottes, weder klären noch widerlegen. Für viele Menschen ist das von ihnen anerkannte Evolutionsgeschehen zwar nicht mit der wörtlichen Auslegung der Bibel vereinbar, sehr wohl aber mit ihrem persönlichen religiösen Glauben.

Literatur

Einführungen und Lehrbücher

Barton, N. u. a.: Evolution. New York 2007

Dawkins, R.: Gipfel des Unwahrscheinlichen. Berlin 2008

Futuyama, D. J.: Evolution. Heidelberg 2005

Kull, U.: Evolution in Stichworten. Stuttgart 2007

Kutschera, U.: Evolutionsbiologie. Stuttgart 2008

Kutschera, U.: Tatsache Evolution. München 2009

Mayr, E.: Das ist Evolution. Heidelberg 2003

Mayr, E.: Konzepte der Biologie. Stuttgart 2005

Lewin, R.: Die molekulare Uhr der Evolution. Heidelberg 1998

Reichholf, J.: Evolution – Die wichtigsten Antworten. Freiburg 2007

Storch, V., Welsch, U. und Wink, M.: Evolutionsbiologie. Berlin 2007

Zrzav, J. u. a.: Evolution. Heidelberg 2009

Evolutionsforschung

Darwin, C.: Über die Entstehung der Arten durch natürliche Zuchtwahl. Köln 2000.

Darwin, C.: Mein Leben. Frankfurt 2008

Darwin, C.: Gesammelte Werke. Frankfurt 2009

Dobson, A. P.: Biologische Vielfalt und Naturschutz: der riskierte Reichtum. Heidelberg 1997

Gleich, M. u. a.: Life Counts. Berlin 2000

Grant, P.: Evolution on Islands. Oxford 1998

Hennig, W.: Phylogenetische Systematik. Berlin 1982

Humboldt, A. von: Vom Orinoko zum Amazonas – Reise in die Äquinoktial-Gegenden des neuen Kontinents. Wiesbaden 1985

Junker, T. und Hoßfeld, U.: Die Entdeckung der Evolution. Darmstadt 2001

Kutschera, U.: Tatsache Evolution. München 2009

Lamarck, J.-B. de: Zoologische Philosophie, Teil 1–3 (Reprint). Frankfurt 2002

Lecointre, G. und Le Guyader, H.: Biosystematik. Heidelberg 2006

Linné, C. v.: Lappländische Reise und andere Geschichten: Leipzig 1987

Neukamm, M. (Hg.): Evolution im Fadenkreuz des Kreationismus. Göttingen 2009

Stripf, R.: Evolution – Geschichte einer Idee. Köln 2007

Taylor, J.: The Voyage of the Beagle. London 2008

Wallace, A. R.: Der Malayische Archipel. Frankfurt 1983

Weiner, J.: Der Schnabel des Finken oder Der kurze Arm der Evolution. München 1994

Wuketits, F.: Darwin und der Darwinismus. München 2005

Physikalische und chemische Evolution

Blome, H. und Zaun, H.: Der Urknall. München 2004

Eigen, M.: Stufen zum Leben. München 1987

Hasinger, G.: Das Schicksal des Universums. München 2007

Margulis, L. und Sagan, D.: Leben – Vom Ursprung der Vielfalt. Heidelberg 1997

Meissner, R.: Geschichte der Erde. München 1999

Nouvian, C.: The Deep – Leben in der Tiefsee. München 2006

Rauchfuß, H.: Chemische Evolution und der Ursprung des Lebens. Heidelberg 2005

Trinks, H.: Das Spitzbergen-Experiment. München 2004

Paläontologie und Entwicklungsgeschichte des Lebens

Bakker, R. T.: The Dinosaur Heresies. New York 1996

Bick, A.: Die Steinzeit. Stuttgart 2006

Chambers, P.: Die Archaeopteryx-Saga. Frankfurt 2003

Dawkins, R.: Geschichten vom Ursprung des Lebens: Eine Zeitreise auf Darwins Spuren. Berlin 2008

Dietl, G. und Schweigert, G.: Im Reich der Meerengel. Der Nusplinger Plattenkalk und seine Fossilien. München 2001

Fischer, E. und Wiegandt, K. (Hg.): Evolution. Frankfurt 2003

Fortey, R.: Leben. Eine Biographie. Die ersten vier Milliarden Jahre. München 1997

Fortey, R.: Trilobiten. München 2002

Gould, S. J.: Wonderful Life: The Burgess Shale and the Nature of History. New York 1989

Gould, St. (Hg.): Das Buch des Lebens. Köln 1993

Haines, T.: Die Erben der Saurier. Köln 2002

Hauff, B. und Hauff, R. B.: Das Holzmadenbuch. Holzmaden 1981

Heinzmann, E. (Hg.): Erdgeschichte mitteleuropäischer Regionen: 2. Vom Schwarzwald zum Ries. München 1998

Heinzmann, E. und Reiff, W.: Der Steinheimer Meteorkrater. München 2002

Hölder, H.: Naturgeschichte des Lebens. Berlin 1996

Jansen, U. u. a. (Hg.): Zeugen der Erdgeschichte. Stuttgart 2002

Kleesattel, W.: Die Welt der lebenden Fossilien. Darmstadt 2001

Krumbiegel, G.: Fossilien der Erdgeschichte. Leipzig 1980

Lesch, H. und Zaun, H.: Die kürzeste Geschichte allen Lebens. München 2008

Meischner, D. (Hg.): Europäische Fossillagerstätten. Berlin 2000

Palfy, J.: Katastrophen der Erdgeschichte. Stuttgart 2005

Palmer, D.: Der große Atlas der Urgeschichte. München 2001

Palmer, D.: Vier Milliarden – Die Geschichte des Lebens. Darmstadt 2003

Polenz, H. und Spaeth, C.: Saurier, Ammoniten Riesenfarne. Stuttgart 2004

Probst, E.: Deutschland in der Urzeit. München 1986

Raven, P., Evert, R. und Eichhorn, S.: Biologie der Pflanzen. Berlin 2000

Rothe, P.: Erdgeschichte. Spurensuche im Gestein. Darmstadt 2000

Schmitt, M.: Wie sich das Leben entwickelte. München 1994

Wuketits, F.: Evolution. München 2000

Evolution des Menschen

Auffermann, B. und Orschiedt, J.: Die Neandertaler. Stuttgart 2006

Baur, M. und Ziegler, G.: Die Odyssee des Menschen. München 2001

Bonis, L. de: Evolution – vom Affen zum Menschen. Teil I und II. Heidelberg 2001–2002

Burenhult, G. (Hg.): Die ersten Menschen. Augsburg 2000

Cavalli-Sforza, L.: Gene, Völker, Sprachen. Die biologischen Grundlagen unserer Zivilisation. München 2003
Conard, N. (Hg.): Woher kommt der Mensch? Tübingen 2006
Coppens, Y.: Lucys Knie. München 2002
Diamaond, J.: Der dritte Schimpanse. Frankfurt 2000
Dobzhansky, Th.: Die Entwicklung zum Menschen. Evolution, Abstammung und Vererbung. Hamburg 1958
Foley, R.: Menschen vor Homo sapiens. Stuttgart 2000
Henke, W. und Rothe, H.: Menschwerdung. Frankfurt 2003
Johanson, D. und Edgar, B.: Lucy und ihre Kinder. Heidelberg 1998
Koenigswald, W. von: Lebendige Eiszeit. Stuttgart 2002
Kuckenburg, M.: Der Neandertaler. Stuttgart 2005
Lüke, U.: Das Säugetier von Gottes Gnaden. Freiburg 2006
Olson, St.: Herkunft und Geschichte des Menschen. Berlin 2003
Reichholf, J.: Das Rätsel der Menschwerdung. München 2001
Schmitz, R und Thissen, J.: Neandertal. Heidelberg 2002
Schrenk, F.: Die Frühzeit des Menschen. München 2008
Wells, S.: Die Wege der Menschheit. Frankfurt 2003
Wuketits, F.: Lob der Feigheit. Stuttgart 2008
Zimmer, C.: Woher kommen wir? Die Ursprünge der Menschheit. München 2006

Ursachen und Ergebnisse des Evolutionsprozesses

Barton, N. H. u. a.: Evolution. New York 2007
Betz, O. und Köhler, H. (Hg): Die Evolution des Lebendigen. Tübingen 2007
Carrol, S. B.: Evo Devo. Berlin 2008
Darwin, C.: Über die Entstehung der Arten durch natürliche Zuchtwahl. Köln 2000.
Dawkins, R.: Der blinde Uhrmacher. München 2008
Futuyma, D. J.: Evolution. Sunderland 2005
Kirschner, M. und Gerhart, J.: Die Lösung von Darwins Dilema. Reinbek 2007
Schmid, U. und Bechly, G.: Evolution – Der Fluss des Lebens. Stuttgart 2009
Sentker, A. und Wigger, F. (Hg.): Triebkraft Evolution. Heidelberg 2008
Wilson, E. O.: Darwins Würfel. München 2000

Lesebücher

Arzt, V.: Als Deutschland am Äquator lag. Berlin 2001
Fischer, E.: Das große Buch der Evolution. Köln 2008
Grolle, J. (Hg.): Evolution – Wege des Lebens. München 2006
Glaubrecht, M. u. a. (Hg.): Als das Leben laufen lernte. München 2007
Kleesattel, W.: Abenteuer Evolution. Stuttgart 2005
Palmer, D.: Evolution – The Story of Life. Berkeley 2009
Quammen, D.: Der Gesang des Dodo. Eine Reise durch die Evolution der Inselwelten.
München 1999. Silvertown, J. (Hg.): 99 % Ape – How Evolution Adds Up. London 2008

Glossar

Ablagerungsgestein – meist geschichtetes Gestein, das sich aus dem Verwitterungsmaterial anderer Gesteine gebildet hat.

Abstammungslehre – Synonym für Deszendenztheorie, die Deszendenz neuer Arten durch Variation und Selektion erklärt; vereinfacht oft mit Darwinismus gleichgesetzt.

Adaptation – Anpassung bzw. Angepasstheit; entsteht durch Selektion über Generationen und Anhäufung entsprechender genetischer Information im Genpool.

Allel – eine von verschiedenen Zustandsformen desselben Gens.

Altersbestimmung – Altersdatierung zur zeitlichen Einordnung von Gesteinen und Fossilien. Man unterscheidet zwischen der relativen A. anhand der Lagerungsverhältnissen von Sedimenten und der absoluten A. mithilfe des radioaktiven Zerfalls bestimmter Elemente.

Ammoniten – ausgestorbene Gruppe der Kopffüßer (Weichtiere) mit äußerer Kalkschale.

Amnioten – Bezeichnung für Reptilien, Vögel und Säuger, deren Embryo von einer mit Flüssigkeit gefüllten Hülle, dem Amnion, umgeben ist.

Anagenese – Artumwandlung; Höherentwicklung im Sinne einer Komplexitätszunahme eines Organismus im Verlauf der Phylogenese.

Angiospermen – bedecktsamige Blütenpflanzen.

Äon – größte Einheit in der geochronologischen Untergliederung der Erdgeschichte; man unterscheidet vier Äonen mit jeweils vielen Hundert Millionen Jahren.

apomorph – abgeleitet, evolutiv neu .

Ära – Untereinheit eines Äons in der geochronologischen Untergliederung der Erdgeschichte.

Art – einziges real existierendes Taxon in der biologischen Systematik; Gruppe von Individuen, die sich untereinander fruchtbar fortpflanzen können (Biospezies-Definition) und in allen wesentlichen Merkmalen übereinstimmen (Morphospezies-Definition).

Artbildung – Speziation.

Artaufspaltung – Kladogenese; Entstehung neuer Arten durch Aufspaltung einer Ursprungsart, die durch Unterbrechung des Genaustausches und nachfolgender Isolation hervorgerufen wurde.

Asteroid – Kleinplanet; extraterrestrischer, steinerner Materiebrocken aus der Entstehungszeit des Sonnensystems, bewegt sich wie die Planeten um die Sonne.

Australopithecinen – Affen- oder Vormenschen mit den Gattungen Australopithecus und Paranthropus.

Bauplan – verallgemeinerter Grundbestand aller wesentlichen anatomisch-morphologischer Merkmale einer Organismengruppe; z. B.: Bauplan der Insekten, Blütenpflanzen etc.

Biodiversität – Vielfalt und Variabilität aller Organismen in einem Lebensraum sowie dessen ökologischer Komplexe; umfasst sowohl Artenvielfalt als auch Vielfalt der Ökosysteme.

Chorda dorsalis – elastischer Stab, der als Stützorgan zwischen Neuralrohr und Darm das Achsenskelett der

Chordatiere bildet; wird bei Wirbeltieren durch die Wirbelsäule ersetzt.

Chromosom – fadenförmige Struktur im Zellkern, die DNA enthält.

Darwinismus – abkürzende Bezeichnung für die Evolutionstheorie Darwins; oft Synonym mit Selektionstheorie verwendet.

DNA – engl. Abk. für: desoxiribonucleic acid (Desoxiribonukleinsäure); Speichersubstanz der Erbinformation eines Lebewesens.

Ediacarium – früher Vendium genannt; jüngste Periode des Proterozoikums.

Eiszeitalter – erdgeschichtliche Periode, in der durch starke Klimaschwankungen Eis- oder Kaltzeiten mehrfach mit wärmeren Zwischeneiszeiten wechselten.

Endemit – Art, die nur in einem räumlich begrenzten Areal vorkommt.

Endosymbionten-Theorie – Modell der stammesgeschichtlichen Entwicklung der Euzyte.

Epoche – Untereinheit einer Periode in der geochronologischen Einteilung der Erdgeschichte.

Erdkruste – äußerste feste Schale der Erde. Man unterscheidet die kontinentale von der dünneren ozeanischen Kruste. Die Grenze zwischen Erdkruste und Erdmantel liegt zwischen zehn und 65 Kilometer unter der Erdoberfläche.

Erdzeitalter – siehe geologische Zeitskala.

Eukaryoten – Lebewesen, deren Zellen einen membranumgrenzten echten Zellkern und Zellorganellen wie Mitochondrien oder Chloroplasten besitzen; Zelltyp Euzyte (Pflanzen, Pilze, Tiere, Einzeller).

Evo-Devo – engl. Abk. für: evolutionary developmental biology; untersucht Einflüsse evolutiver Prozesse auf die Ontogenese.

Evolutionstheorie – System von Aussagen, die die gemeinsamen Abstammung der Lebewesen beschreiben und erklären.

Fazies – Gesamtheit aller Merkmale eines Sedimentgesteins, aus denen sich Bildungsort (z. B. marine Fazies) und Bildungsbedingungen (z. B. sandige Fazies) rekonstruieren lassen.

Fitness – Selektionswert; Beitrag eines Individuums zum Genpool einer Population gemessen am Fortpflanzungserfolg.

Fossilien – Überreste von Lebewesen und deren Lebensspuren aus erdgeschichtlicher Vergangenheit.

Galaxie – Ansammlung zahlreicher Sterne, Planeten und anderer Himmelskörper sowie großer Mengen interstellarer Materie, die durch Massenanziehung zusammengehalten wird; viele G. haben die Form scheibenförmiger Spiralen.

Gattung – Kategorie der Systematik; ähnliche miteinander verwandte Tier- und Pflanzenarten fasst man zu Gattungen zusammen; zur Gattung Rosen zählen z. B. die Arten Feldrose und Heckenrose, zur Gattung Rind die Arten Hausrind, Yak und Zeburind.

Gen – Abschnitt der DNA zur Synthese eines Proteins; codiert Struktur und Funktion erblicher Merkmale.

Genotyp – Gesamtheit der Gene eines Individuums.

Geologie – Lehre vom Aufbau der Erde, ihrer Entstehung, Entwicklung und Veränderung in erdgeschichtlicher Zeit.

Gradualismus – Lehrmeinung, dass große Unterschiede in phänotypischen Merkmalen schrittweise durch Anhäufung vieler kleiner Veränderungen entstehen; vgl. Punktualismus.

Gymnospermen – nacktsamige Blütenpflanzen.

Hypothese – wissenschaftlich begründete Vermutung mit hoher Wahrscheinlichkeit als Mittel zur Erkenntnisgewinnung.

Holozän – jüngste geologische Epoche der Erdgeschichte.

Hominiden – Familie, die alle Menschen und ihre ausgestorbenen Vorfahren seit der Abspaltung von den Menschenaffen umfasst; aufrechter Gang als wichtigstes gemeinsames Kennzeichen.

Homologie – Ähnlichkeit biologischer Strukturen verschiedener Arten aufgrund übereinstimmender Erbinformation durch gemeinsame Abstammung.

Insekten – Gliederfüßer mit Außenskelett aus Chitin. Ihr Körper ist durch tiefe Kerben in drei Abschnitte gegliedert: Kopf, Brust und Hinterleib. An der Brust sitzen drei Paar Beine und zwei Paar Flügel.

Intelligent Design (ID) – antievolutionistische Auffassung nach der das Leben und die Organismen von einem intelligenten Schöpfer (Designer) erschaffen wurden.

Jura – geologische Periode, die vor 200 Million begann und vor 135 Millionen Jahren endete. Zu dieser Zeit hatten Saurier und Ammoniten ihre größte Verbreitung.

Kaltzeit – Eiszeit; geologischer Zeitabschnitt, in welchem die Temperaturen so weit absinken, dass sich große Gletscher und Inlandeismassen bilden.

Kambrische Radiation – relativ schnelle Entwicklung zahlreicher Tierstämme zu Beginn des Kambriums.

Kladogramm – verzweigtes Stammbaumschema, das die Verwandtschaftsverhältnisse zwischen verschiedenen Taxa wiedergibt und eine Zeitachse enthält.

Koevolution – wechselseitige Beeinflussung der Evolution verschiedener Arten.

Komet – Schweifstern; aus Stäuben und Eis bestehender Himmelskörper mit leuchtendem Schweif.

Konvergenz – Anpassungsähnlichkeit aufgrund ähnlicher Umweltbedingungen unabhängig von Verwandtschaft.

Kreationismus – biblischer Schöpfungsglaube.

Lamarckismus – heute widerlegte Theorie über die Vererbung erworbener Eigenschaften durch einen Willen zur Vervollkommnung als Ursache der Evolution.

Lebende Fossilien – heute lebende Organismen, die Jahrmillionen alten Fossilien sehr ähnlich sind und sich scheinbar im Laufe der Zeit evolutiv so gut wie nicht verändert haben.

Leitfossil – Fossil, das für eine bestimmte Gesteinsschicht bzw. für einen geologischen Zeitabschnitt charakteristisch ist.

Makroevolution – transspezifische Evolution; unklarer Begriff für die Evolution über die Ebene einer Art.

Mesozoikum – mittlere Ära des Phanerozoikums; untergliedert in die Perioden Trias, Jura und Kreide.

Meteorit – aus Gestein oder Eisen bestehender Himmelskörper, der die Erdatmosphäre durchdringt und bis zur Erdoberfläche gelangt.

Modifikation – umweltbedingte, nicht erbliche Variabilität im Phänotyp.

monophyletische Gruppe – bezeichnet ein Taxon, deren Mitglieder alle von einem gemeinsamen ursprünglichen Taxon abgeleitet sind.

Mutation – sprunghaft auftretenden Veränderung des Erbgutes.

ökologische Nische – Gesamtheit der Beziehungen zwischen einer Art und ihrer Umwelt.

Ontogenese – Keimentwicklung.

Paläanthropologie – Wissenschaft, die sich mit Fossilfunden des Menschen, seiner Herkunft und Entstehungsgeschichte befasst.

Paläolithikum – Altsteinzeit, längste und älteste Epoche der Menschheitsgeschichte.

Paläontologie – Wissenschaft vom Leben in der Vorzeit.

Pangäa – Urkontinent gegen Ende des Paläozoikums und zu Beginn des Mesozoikums; ursprünglicher Riesenkontinent, der alle heutigen Kontinente vereinigte.

Phanerozoikum – Zeitalter des »sichtbaren« Lebens; umfasst die Ären Paläozoikum, Mesozoikum und Känozoikum.

Phänotyp – wahrnehmbares Erscheinungsbild eines Lebewesens als Ergebnis der Wechselwirkung zwischen dem Genotyp und der Umwelt.

Phylogenese – Stammesentwicklung.

Plazentatiere – alle Säugetiere ohne Beuteltiere und Eier legende Schnabeltiere; ihre Embryonen werden in der Gebärmutter über den Mutterkuchen, die Plazenta, versorgt.

Population – im gleiche Gebiet lebende Gruppe artgleicher Individuen mit uneingeschränkter Möglichkeit zum Genaustausch durch Fortpflanzung.

Präkambrium – zusammenfassende Bezeichnung der Zeit vor dem Kambrium mit den Äonen Hadaikum, Archaikum und Proterozoikum.

Primaten – Herrentiere.

Prokaryoten – Bakterien und Cyanobakterien, deren Zellen keinen membranumgrenzten Zellkern aufweisen; der Zelltyp ist eine Prozyte.

Proteine – Makromoleküle aus vielen Aminosäuren. Lebewesen liefern sie Körperbaustoffe, die durch keinen anderen Stoff ersetzt werden können.

Punktualismus – Theorie, die den zeitlichen Verlauf der Evolution mit kurzen Artbildungsperioden und dazwischen liegenden langen Phasen geringer Änderungen beschreibt.

Quartär – das vor 1,8 Millionen Jahren bis heute anhaltende Eiszeitalter, das durch den Wechsel von Warm- und Kaltzeiten gekennzeichnet ist.

Stammbaum – Darstellung der Abstammungsverhältnisse entweder als Phylogramm (mit der Darstellung von Trennungszeitpunkt und Ausmaß evolutiver Verschiedenheit) oder als Kladogramm (mit der Darstellung der Aufspaltung von Stammlinien aufgrund evolutiver Neuerwerbungen).

sympatrisch – geografisch überlappendes Verbreitungsgebiet.

synthetische Theorie – Theorie der evolutiven Prozesse, die von der natürlichen Selektion und ihren genetischen Vorgaben und Mechanismen handelt und dadurch die Evolution des Lebens erklärt; erweiterte Evolutionstheorie Darwins.

Systematik – befasst sich mit der Beschreibung, Abgrenzung und Klassifikation von Lebewesen.

Taxon – Ordnungseinheit des biologischen Ordnungssystems.

Tertiär – ältere Periode der Erdneuzeit (Känozoikum), die vor etwa 65 Millionen Jahren begann und vor 1,8 Millionen Jahren vom Quartär abgelöst wurde.

Theorie – umfassende, in sich widerspruchsfreie Modellvorstellung zur Erklärung der Wirklichkeit.

Therapsiden – Vorfahren der Säugetiere.

Urknall – Big Bang; Zeitpunkt des Beginns unseres Universums; nach der Theorie vom Urknall flog vor 13,7 Milliarden Jahren die bis dahin dicht gepackte kosmische Materie auseinander.

Urmenschen – alle ausgestorbenen Menschenformen der Gattung Homo.

Variabilität – phänotypische Verschiedenheit der Individuen innerhalb einer Population, die umwelt- oder genbedingt sein kann.

Versteinerung – Form der Fossilbildung, bei der die organischen Stoffe des Lebewesens durch Kalk oder Kieselsäure ersetzt wurden.

Wirbellose – alle Tiere, die keine Wirbelsäule haben. Unter den Wirbellosen (mehr als 95 Prozent aller Tierarten) herrscht eine große Vielfalt, wobei die einzelnen Gruppen so gut wie gar nicht miteinander verwandt sein müssen (z. B.: Insekten, Weichtiere, Hohltiere usw.).

Wirbeltiere – Tiere mit einer knöchernen Wirbelsäule als innerem Skelett.

Zellatmung – ein Stoffwechselprozess, bei dem in speziellen Organellen, den Mitochondrien, chemische Energie übertragen wird (auch innere Atmung oder biologische Oxidation genannt).

Zelle – kleinste selbständig lebens- und vermehrungsfähige biologische Bau- und Funktionseinheit der Lebewesen; besitzt eine Zellmembran, einen Zellkern und Zellplasma; Pflanzenzellen weisen zusätzlich Zellwände und Chloroplasten auf.

Zellteilung – Grundlage für Wachstum und Fortpflanzung aller Lebewesen; auf die Teilung des Zellkerns folgt die Teilung des Zellplasmas; aus einer Mutterzelle entstehen zwei erbgleiche Tochterzellen.

Register

M

N

O

P

Q

R

S

T

V

W

Dank an Ute! Sie hielt mir den Rücken frei und ermöglichte dadurch erst, dass das Buch geschrieben werden konnte.

Bildnachweis

Alle Fotos von Walter Kleesattel

Bibliografische Information der Deutschen Nationalbibliothek
Die Deutsche Nationalbibliothek verzeichnet diese Publikation in der Deutschen Nationalbibliografie; detaillierte bibliografische Daten sind im Internet über http://dnb.d-nb.de abrufbar.

Umschlaggestaltung: Stefan Schmid Design, Stuttgart, unter Verwendung von Abbildungen von Dr. Walter Kleesattel, Schwäbisch Gmünd, picture-alliance/dpa/dpaweb und picture-alliance/dpa.

Lektorat: Melanie Löw, Saarbrücken
Kartografie: Peter Palm, Berlin
Reihen-Gestaltung: Katrin Kleinschrot, Stuttgart
Satz und Repro: primustype Hurler GmbH, Notzingen
Druck und Bindung: Offizin Andersen Nexö Leipzig GmbH, Zwenkau

ISBN 978-3-8062-2317-0

Besuchen Sie uns im Internet: www.theiss.de